Die trockene Destillation des Holzes

und

Verarbeitung der durch dieselbe erhaltenen Rohproducte auf feinere

wie auf

Essigsäure, essigsaure Salze, Terpentinöl, Wagenschmiere, Kienruss etc.

Ein Handbuch

für

Techniker, Chemiker und Fabrikanten.

Nach eigenen mehrjährigen Erfahrungen

bearbeitet von

Dr. Eduard Assmuss.

Mit 22 grossen Holzschnitten.

Springer-Verlag Berlin Heidelberg GmbH 1867

ISBN 978-3-662-32268-0 ISBN 978-3-662-33095-1 (eBook)
DOI 10.1007/978-3-662-33095-1

Vorrede.

Die trockne Destillation des Holzes hat in neuester Zeit einen Aufschwung erhalten, wie man dies wohl kaum erwartet hätte. Dazu mögen wohl hauptsächlich die gesteigerten Getreidepreise, sowie auch der jetzt viel grossartigere Bedarf an Essigsäure und essigsauren Salzen in der Industrie beigetragen haben. Denn während man früher z. B. die Essigsäure und essigsauren Salze, wie Bleizucker, essigsaures Natron, Rothbeize, Grünspan u. s. w., aus Getreide- oder Spiritusessig bereitete, fällt es jetzt wohl keinem Fabrikanten mehr ein, die erwähnten Körper aus Getreide- oder Branntweinessig darzustellen. Ja es scheint sogar, als ob die trockne Destillation des Holzes berufen ist, die Essigfabrikation aus Getreide und Alcohol zu verdrängen oder doch zu beschränken, da man den Holzessig gegenwärtig vielfach im gereinigten Zustande, mit Wasser verdünnt, als Tafelessig gebraucht.

Nichtsdestoweniger aber könnte die trockne Destillation des Holzes eine noch grössere Bedeutung erlangen, wenn nicht ein sehr grosser Theil der Waldbesitzer dieselbe nach einer irrationellen Methode betreiben würde, wobei sie nur Theer, Kohle und Kienöl, ja häufig auch nicht einmal das letztere, gewinnen. Von der Verarbeitung der Rohproducte, des Theeres, der Holzsäure u. s. w. auf feinere ist bei ihnen gar keine Rede.

Es fällt mir zwar nicht ein, jedem Waldbesitzer zuzumuthen, dass er sich eine förmliche chemische Fabrik anlegen soll, um seinen Wald besser zu verwerthen; aber er sollte doch, wenn er die trockne Destillation des Holzes betreibt, wenigstens die Holzsäure nicht verfliegen oder fortgiessen lassen, sondern dieselbe auf essigsauren Kalk verwenden, wozu es keiner besonderer Einrichtungen bedarf.

Es gehen aber leider auf diese Weise alljährig in den waldreichen Gebirgen Deutschlands bei der Verkohlung des Holzes Millionen Eimer der Holzsäure verloren, um wie viel mehr aber noch in anderen Ländern, wo die Verkohlung auf eine ganz rohe Art vorgenommen wird, wie z. B. in Russland und Polen.

Ebenso unökonomisch ist es, den Theer als solchen zu verkaufen. Wenn der Theerschweler ihn auch nicht auf subtile Producte zu verarbeiten braucht, so sollte er doch wenigstens von demselben zuvor das Kienöl abziehen und dieses zu Terpentinöl rectificiren. Für diesen Zweck benöthigt man gleichfalls keiner ausserordentlicher Einrichtungen und grosser Kapitalien.

Dass aber die trockne Destillation des Holzes nicht hinreichend rationell betrieben wird, dürfte nur dem Mangel solcher Schriften, die das Publikum mit vortheilhaften Methoden bekannt machten, zuzuschreiben sein. Durch die Beschäftigung als Chemiker und Dirigent auf einer in holzreicher Gegend des westlichen Russlands befindlichen Fabrik trockner Destillation des Holzes wurde mir alsbald das Bedürfniss nach einem solchen Werke klar. Denn wenn auch die technischchemische Literatur uns einige Schriften über diesen Gegenstand aufweisen kann, so betreffen diese nur meist die Gewinnung des Theeres und der Holzkohle, während der übrigen Producte, die man durch weitere chemische Processe erhalten kann, nur vorübergehend, ja häufig sogar gar nicht gedacht wird; oder es finden auch alle diese Producte eine Berücksichtigung, aber in grossen encyclopädischen Werken und der Natur dieser Schriften gemäss, auch nur eine kurze unvollständige. Ausserdem sind auch die betreffenden Gegenstände in den verschiedenen Bänden einer solchen Schrift zerstreut.

Durch vorstehendes Werk glaube ich nun die fühlbare Lücke, bis auf eine Zeit, wo die trockne Destillation des Holzes noch grössere Fortschritte gemacht haben wird, ausgefüllt zu haben.

Beim Verfassen dieser Arbeit strebte ich dahin, bei möglichster Kürze dennoch alles zu bringen, was für den Fabrikanten von Wichtigkeit ist. Man wird denn auch die fabrikmässige Darstellung keines Productes der trocknen Destillation des Holzes, welches eine technische Bedeutung hätte, darin vermissen.

Kein einziges Verfahren bei der Fabrikation irgend eines Productes ist hier empfohlen worden, welches ich nicht selbst auf der von mir dirigirten Fabrik erprobt und als practisch anerkannt hätte. Viele Darstellungsmethoden sind meine eigenen. Die Schrift ist überhaupt weit davon entfernt, eine Compilation zu sein.

Die Darstellung des Beleuchtungsstoffes aus Birkentheer, der dem amerikanischen Petroleum, dem Photogen und Solaröl nichts nachgiebt, und der vielleicht berufen ist, in den Gegenden, wo die Birke viel vorkommt und es an Steinkohlen und geeignetem Torf mangelt, wie z. B. in Russland, die mineralischen Brennöle zu ersetzen, ist meiner eigenen Idee entsprungen.

Leipzig, im März 1867.

Der Verfasser.

Inhalts-Verzeichniss.

Seite

Einleitung 1

Erster Abschnitt.

Die trockne Destillation des Holzes und die Producte derselben 5
Flüssige Producte der Holzdestillation 6
Holzessigsäure, Holzsäure, Holzessig 6
Holzgeist, Holzspiritus, Holznaphta 7
Holztheer 8
Das leichte Brandöl 8
Das schwere Brandöl 8
Rohes Terpentinöl 10
Eupion 11
Benzol, Benzin 12
Toluol, Tolin 13
Kreosot, Kresyloxydhydrat 14
Kapnomor 15
Picamar 15
Feste Producte der Holzdestillation 16
Paraffin 16
Naphtalin, Naphthalin 17
Retisteren 18
Pittacall 18
Cedriret 19
Pyroxanthin, Ebeanin 19
Chrysen und Pyren 19
Auf welche Producte der Holzdestillation soll man sein Hauptaugenmerk richten? 20
Behälter für die trockne Destillation des Holzes, und in was für welchen soll dieselbe vorgenommen werden? 21
Die Retorten 21
Horizontale Retorten zur Destillation von Holz 23

	Seite
Manipulation mit diesen Retorten	28
Das Destillationslocal	31
Oefen zur trocknen Destillation des Holzes	32
Manipulation mit diesen Oefen	35
Das Destillationslocal	36
Retorten zur Destillation der Birkenrinde	36
Horizontalretorten	36
Manipulation mit diesen Apparaten	37
Verticalretorten	38
Das Destillationslocal	40

Zweiter Abschnitt.

Verarbeitung der Holzsäure auf Essigsäure und essigsaure Salze und Darstellung des Holzgeistes 41
   Essigsaurer Kalk 42
Darstellung des essigsauren Kalkes 43
Reinigung des Holzessigs auf kaltem Wege und Beschreibung des dazu erforderlichen Apparates 43
Reinigung des Holzessigs durch Destillation und Beschreibung des Destillationsapparates dazu 44
Neutralisation des Holzessigs . . . . , ... 47
Eindampfen der essigsauren Kalkflüssigkeit 49
Das Rösten des essigsauren Kalkes 53
   Essigsaures Bleioxyd 55
Neutrales essigsaures Bleioxyd 56
Darstellung des Bleizuckers 57
   1. Bereitung des braunen Bleizuckers 58
   2. Bereitung des weissen Bleizuckers 59
      A. Bereitung aus Bleiglätte 59
         a. Vermittelst Dampf 59
         b. Bereitung über freiem Feuer 60
         c. Bereitung mittelst Essigsäuredämpfe 63
      B. Bereitung aus metallischem Blei 66
Verarbeitung des Bleies auf Bleioxyd 69
   Essigsaures Eisen 71
Essigsaures Eisenoxydul 71
   do.   do.   seine Bereitungsweise 71
do.   Eisenoxyd 73
   do.   do.   seine Darstellung 73
   Essigsaures Kali 74
Neutrales essigsaures Kali 74
   do.   do.   do.   seine Bereitung 75

	Seite
Essigsaures Kupfer	76
Neutrales essigsaures Kupferoxyd	77
do. do. do. seine Darstellung	77
Zweifach basisch essigsaures Kupferoxyd	80
do. do. do. do. seine Darstellung	81
Essigsaures Manganoxydul	82
do. do. seine Darstellung	83
Essigsaures Natron	84
do. do. seine Darstellung	84
Essigsaure Thonerde	87
do. do. ihre Darstellung	88
Essigsaures Zinkoxyd	89
do. do. seine Darstellung	89
do. Zinkoxydul	90
do. do. seine Darstellung	90
Essigsäure, Acetylsäure	91
do. do. ihre Darstellung	92
Holzgeist, Holzspiritus	96
Darstellung des Chlorcalciums	99

Dritter Abschnitt.

Die Destillation des Theeres und Verarbeitung seiner Producte auf feinere	100
1. Destillation des Theeres behufs der Gewinnung von Rohölen	101
2. Unterwerfung der Rohöle der Einwirkung chemischer Agentien	105
Darstellung der Aetznatronlauge	107
3. Rectification der Rohöle	108
Terpentinöl	112
Beleuchtungsstoffe	114
Maschinenschmieröl	117
Wagenschmiere, Wagenfett, Paraffinfett	118
Bereitung des Ansatzes für die Wagenschmiersorten	120
do. der blauen englischen oder belgischen Patentwagenschmiere	121
do. do. grünen Patentwagenschmiere	121
do. do. schwarzen Wagenschmiere	122
do. do. weissen do.	122
do. do. gelben do.	122
do. do. braunen do.	122
Darstellung des Kreosots	123
Kienruss	124

Vierter Abschnitt.

Seite

Uebersicht der Ausbeute an verschiedenen Producten, Krankheiten, die in solchen Etablissements herrschen, und Schlussbemerkungen 129

Uebersicht der Ausbeute an verschiedenen Producten aus einer gewissen Quantität Holz, und zwar aus den verschiedenen Holzgattungen . . 129

1. Nach Stolze 131
2. Nach Muspratt 132
3. Nach eignen Erfahrungen 134

Ueber Krankheiten, die durch die Fabrikation dieser verschiedenen Producte entstehen 135

Schlussbemerkungen 139

Regeln beim Anlegen solcher Fabriken 139

Einleitung.

Derjenige chemische Process, den man mit dem Namen „trockne Destillation" belegt, begreift die Behandlung organischer Körper bei erhöhter Temperatur unter Abschluss der atmosphärischen Luft, des Sauerstoffs. Alle organischen Körper, sie mögen äusserlich noch so verschieden sein, stimmen darin überein, dass sie aus drei oder auch vier chemischen Elementen (Organogenen), aus Sauerstoff, Wasserstoff, Kohlenstoff und viele auch aus Stickstoff zusammengesetzt sind. Unterwirft man dieselben der trocknen Destillation, so verbinden sich die Elemente in der Hitze zu verschiedenen Körpern, die je nach der Temperatur, denen man sie aussetzt, in grösserer oder geringerer Mannigfaltigkeit auftreten: Bei der Verbrennung von Kohlenstoff mit Sauerstoff bildet sich Kohlensäure oder auch Kohlenoxyd, mit Wasserstoff, Wasser. Geht der Kohlenstoff mit dem Wasserstoff eine Verbindung ein, so bilden sich Kohlenwasserstoffe von der verschiedensten Zusammensetzung, bei Anwesenheit von Stickstoff verbindet sich auch dieser mit dem Wasserstoff und bildet Ammoniak.

Die Producte der trocknen Destillation lassen sich in folgende Gruppen bringen:

1. Gasförmige.

Diese zerfallen in eine Menge verschiedener Gase, die man insgesammt unter dem Namen „Leuchtgas" begreift, welche aber auch nicht leuchtende Körper enthalten, theils permanente Gase sind und einen ansehnlichen Theil der weiter unter 2 und 3 erwähnten flüchtigen Dämpfe der flüssigen und festen Verbindungen aufnehmen und mit diesen, selbst durch noch so lange Kühlröhren geleitet und abgekühlt, gasförmig bleiben. Die vorzüglichsten Gase sind:

Elayl (Oelbildendes Gas) C^4H^4,
Methylwasserstoff (Gruben- oder Sumpfgas) C^2H^2,
Metaceten (Prophylengas) C^6H^6,
Ditetryl (Antilengas) C^8H^8,
Kohlenoxydgas,
Kohlensäuregas,
Wasserstoffgas,
Kohlenwasserstoffgas,
Schwefelwasserstoffgas u. A.

2. Flüssige.
a) Wässerige.

Die wässerigen Destillationsproducte bestehen hauptsächlich aus Wasser, welches theils in den der Destillation unterworfenen Stoffen vorhanden war, theils sich aber erst durch die Hitze aus dem anwesenden Sauerstoffe und Wasserstoffe gebildet hat. In diesem Wasser trifft man häufig weingeistartige Flüssigkeiten, als:

Methylolalcohol (Holzgeist) $C^2H^2O^2 = (C^2H^3) + HO =$ McO, HO,
Aldehyd $C^4H^4O^2 = HO, AcO$,
Xylit $C^{12}H^{12}O^5$,
Mesit $C^6H^6O^2$,
Aceton C^3H^3O u. A., ferner

Säuren, vorzüglich Essigsäure (Holzsäure) oder auch, wenn die Stoffe Stickstoff enthielten, Basen wie Ammoniak u. s. w., in seltenen Fällen auch Blausäure. Ausser diesen allen angeführten findet sich stets eine geringe Menge Brandöle und Brandharze vor.

b) Oelige.

Sie bestehen aus Brandölen, verschiedenen flüssigen Kohlenwasserstoffen:

Eupion C^5H^4,
Picamar (chemische Zusammensetzung, unbekannt),
Kapnomor $C^{20}H^{11}O^2$,
Kreosot $C^{24}H^{14}O^5$,
Benzol $C^{12}H^6$,
Toluol $C^{14}H^8$,
Cumol $C^{18}H^{12}$,
Cymol $C^{20}H^{14}$,
Carbolsäure $C^{12}H^6O^2$ u. A.

Alle diese angeführten Stoffe werden unter dem Gesammtnamen „Theer" begriffen, welcher in sich noch verschiedene feste crystallinische Substanzen gelöst oder suspendirt enthält, diese sind:
Paraffin $C^{24}H^{24}$,
Cedriret (chemiche Zusammensetzung, unbekannt),
Pittakall do. do. do.
Pyren $C^{30}H^{12}$,
Naphtalin $C^{10}H^4$,
Anthracen $C^{30}H^{12}$,
Pyroxanthin $C^{21}H^9O^4$,
Chrysen $C^{42}H^{14}$,
Retisteren $C^{32}H^{14}$,
sowie auch organische Basen:
Anilin $C^{12}H^7N = H^2 (C^{12}H^5) N$.,
Picolin $C^{12}H^7N$,
Pyridin $C^{10}H^5N$,
Leukolin $C^{18}H^8N$,
Lutidin $C^{14}H^9N$.

3. Feste und sublimische Producte

wie Paraffin, Naphtalin, kohlensaures Ammoniak u. s. w.

4. Der kohlige Rückstand (Kohle).

Alle diese angeführten Producte der trocknen Destillation treten nicht immer und in gleichen Mengen auf. Je höherer und plötzlicher Temperatur, die der Destillation unterworfenen Stoffe ausgesetzt werden, desto grössere Neigung zeigen die Elemente sich zu einfacheren Gruppen zu vereinigen. Werden sie rasch einer Weissglühhitze längere Zeit ausgesetzt, so treten grösstentheils nur sehr einfache gasförmige Verbindungen, wie Kohlensäure, Kohlenoxydgas, Wasserdampf und bei Stickstoffanwesenheit, Ammoniak auf; ja es werden sogar Wasserstoff und Stickstoff als Elemente frei, und es bleibt nur verhältnissmässig wenig Kohlenstoff als Rückstand in dem Destillationsgefäss.

Unterwirft man die Producte einer Rothglühhitze, so vereinigen sich die Elemente zu mannigfaltigeren Verbindungen. Es entstehen vorzugsweise gasförmige Kohlenwasserstoffe, Elayl, Methylwasserstoff, Metaceten, Ditetryl u. s. w., also Leuchtgase, während die flüssigen Producte nur in sehr beschränktem Maasse auftreten.

Werden die Producte dagegen nur einer allmähligen dunklen Rothglühhitze ausgesetzt, so waltet die Menge der flüssigen Körper vor, also vorzüglich Holzsäure, oder Ammoniakwasser und Oele. Auch der Kohlenstoff als Rückstand ist in grösserer Menge vorhanden. Wird die Temperatur endlich nur bis auf eine schwache Rothgluth (110° C.) gebracht und zwar sehr allmählig, so erscheint fast nur Wasser unter den Destillationsproducten, und in der Retorte bleibt die grösste Menge Kohlenstoff zurück.

Darnach hat man sich also zu richten, mag man sein Augenmerk vorzüglich auf die Ausbeute von Gas oder auf Theer oder auf Kohlen lenken. Alle Producte in möglichst grosser Menge erhalten zu können, ist nicht möglich, da, wie aus dem Angeführten ersichtlich, ein Product auf Kosten des andern entsteht. Man wird daher stets nur entweder viel Gas und wenig Theer und Kohlen, oder endlich mehr Kohlen und weniger von jenen beiden Stoffen erhalten.

Erster Abschnitt.
Die trockne Destillation des Holzes und die Producte derselben.

Unterwirft man Holz einer trocknen Destillation, so bemerkt man gleich anfangs, sobald das Gefäss, worin das Holz eingeschlossen wurde, heiss wird, aus dem Abzugsrohr einen brenzlichen und sauren Geruch hervorkommen. Bald darauf beginnt Wasser in Dampfform, wenn für keine genügende Condensation gesorgt wurde, oder condensirt zu entweichen. Hat die Temperatur etwas über 143° C. erreicht, so fangen die Bestandtheile des Holzes sich zu zersetzen an. Es beginnt eine Gasentwickelung, Kohlenoxyd, Kohlensäure, Methylwasserstoff, ölbildendes Gas oder leichtes und schweres Kohlenwasserstoffgas treten auf. Ferner nimmt das Wasser eine saure Reaction an, die sich durch die Anwesenheit von Essigsäure kund giebt und nun als Holzsäure bezeichnet wird und im weiteren Verlauf der Destillation immer stärker sauer erscheint. Mit dieser Holzsäure condensiren sich im Anfange die leichten flüssigen Kohlenwasserstoffe, welche als leichtes Brandöl, Kienöl, Pechöl u. s. w. benannt werden und zum grössten Theil aus Eupion bestehen. Sie schwimmen auf der Holzsäure und sind je nach der Holzart, die man der Destillation unterwirft, bald heller oder dunkler gefärbt, bald flüssiger, bald dicklicher. Auf die leichten folgen nun die schweren Brandöle oder der eigentliche Theer, anfangs mit viel Holzsäure gemengt, später, namentlich bei harzreichen Hölzern, fast allein. Dieser Theer ist ebenfalls, wie die leichten Oele, von verschiedener Consistenz und auch Färbung. Bald ist er sehr dickflüssig und schwerer als das Wasser oder die Holzsäure, von dunkelbrauner, rothbrauner oder auch gelbbrauner Färbung. Bei Kiefernkienholz (Kieferwurzeln) fliesst z. B. anfangs, nach Abfluss der leichten Oele, ein gelbbrauner dicker Theer, später ein dunkelbrauner, fast schwarzer, von geringerer, syrupartiger Consistenz, welcher aber stets schwerer als das Wasser ist. Bei der Destillation von Birken, namentlich Birkenrinde, ist der Theer häufig bläulich schwarz, sehr flüssig, ölartig und leichter als Wasser. Bei einer Temperatur von 450° C. sind sämmtliche Destillationsproducte ausgetrieben und in der Retorte bleibt Kohle zurück.

Flüssige Producte der Holzdestillation.

I. Holzessigsäure, Holzsäure, Holzessig.

Acidum pyrolignosum der Pharmaceuten und Aerzte. — Schweiss, Theerwasser, Theergalle der Theerschweler. — Französisch: *Vinaigre de bois.* — Englisch: *Wood vinegar, pyroligneous acid.* — Italienisch: *Vinagro di legna, Acido di legna.*

Diese ist von rothbrauner Farbe und eigenthümlichem, brenzlichem, stechendem Geruch und saurem, adstringirendem Geschmack. Sie besteht zum grössten Theil aus Wasser und viel Essigsäure, die in grösserer oder geringerer Menge, je nachdem, welche Holzarten der Destillation unterworfen wurden, vorkommt und zwar theils frei, theils gebunden als essigsaures Methyloxyd. Ferner enthält sie flüchtige alcoholartige Bestandtheile, als: Methyloxydhydrat (Holzgeist), Xylit, Mesit, Aceton, Tolin, Cumin etc. Flüchtige Oele: Toluen, Xylol (Xylen), Cumen, Pyroxanthin, Furfurol, ziemlich viel Kreosot und geringe Mengen flüchtiger Fettsäuren, auch etwas Ammoniak, viel aufgelöstes Brandharz und sehr wenig von einer oder von mehreren flüchtigen organischen Basen, welche von den stickstoffhaltigen Bestandtheilen des Holzes herrühren. Unterwirft man die Holzsäure einer Destillation, so gehen zuerst die oben genannten flüchtigen alcoholartigen Bestandtheile über. Später folgt schwach saures Wasser, von gelblicher Farbe, auf dem gewöhnlich die oben erwähnten flüchtigen Oele schwimmen. Je weiter die Destillation fortschreitet, desto mehr Essigsäure enthält die übergehende Flüssigkeit. Nach beendeter Destillation bleibt in der Retorte der sogenannte Holzessigtheer oder Holzessigpech, ein Brandharz, zurück, ein klarer syrupartiger, oder auch beim stärkeren Eindampfen harzartiger, dunkelbrauner, wenig klebriger Körper, von saurem, schwach bitterem Geschmack.

Die Holzsäure bildet einen wichtigen Artikel bei der trocknen Destillation des Holzes. Man bringt sie in den Handel entweder als rohen Holzessig, der seiner ausgezeichneten antiseptischen Eigenschaft wegen zur Conservirung von Hölzern, zur Desinfection der Abtritte etc. gebraucht wird, oder man rectificirt sie durch eine nochmalige Destillation über Kohle etc. und verkauft sie als gereinigte Holzsäure. In diesem gereinigten Zustande dient sie zur sogenannten künstlichen Räucherung des Fleisches, zum Gebrauch in der Medicin, als fäulnisswidriges Mittel, namentlich gegen Krebsschäden, so wie auch in den Färbereien und Kattundruckereien als Mordant, oder die Holzsäure wird endlich auf reine Essigsäure und essigsaure Salze verarbeitet, z. B. in essigsaures Bleioxyd (Bleizucker), essigsaures Kupferoxyd (Grünspan), Zink, Eisen, essigsaurem Kalk, Natron, Thonerde etc., welche Salze in der Färberei, Kattundruckerei u. s. w. mannigfache Verwendung finden.

II. Holzgeist, Holzspiritus, Holznaphta.

Methyloxydhydrat, Methylalcohol $C^2H^4O^2 = (C^2H^3) O + HO = MeO, HO$. — Französisch: *Esprit hydroxylique*. — Englisch: *Pyroligneous spirit, Pyroxylic spirit, Wood Naphta*. — Italienisch: *Spirito di legna*.

Wie vorhin bei der Holzsäure angegeben wurde, gehen bei der Destillation derselben zuerst weingeistartige wässerige Flüssigkeiten über, die grösstentheils aus Methyloxydhydrat, ferner aus Xylit, Mesit, Aceton etc. bestehen, und welche man insgesammt unter dem Namen „roher Holzgeist" begreift. Es ist eine gelbe, von der Luft alsbald braun werdende klare Flüssigkeit, von starkem, brenzlichem, kreosotartigem und geistigem Geruch und brennendem, erwärmendem Geschmack. Der Holzgeist ist leicht entzündlich, wenn ihm das überflüssige Wasser entzogen wird, und brennt mit durchsichtiger, blassleuchtender, im rohen Zustande etwas russender Flamme. Seine gelbe oder braune Färbung und der starke brenzliche Geruch rühren von einer geringen Menge flüchtiger Oele, welche bei der Destillation mit übergehen, wie Pyroxanthin, Cumen, Xylol, Toluen, Kreosot etc., her. Er hat mit dem Aethyloxydhydrat (Weingeist) die grösste Analogie, löst viele Harze, ätherische Oele, und wird daher ebenso wie jener zu Firnissen u. dergl., sowie auch als Brennspiritus etc. benutzt, nur ist er flüchtiger als der Weingeist.

Im reinen Zustande stellt der Holzgeist eine völlig farblose, leicht bewegliche, indifferente, leicht entzündliche, mit schwach leuchtenden, bläulichen, nicht russenden Flamme verbrennende, mit Wasser, Alcohol, Aether, ätherischen Oelen in jedem Verhältniss mischbare Flüssigkeit, von 0,796 spec. Gewicht dar, die ihren Siedepunkt bei 65° C. hat. In diesem gereinigten Zustande wird der Holzgeist in neuester Zeit auch in der Medicin gegen Lungenkrankheiten, besonders Phtisis, gebraucht. Wie aus dem Vorhergesagten ersichtlich, bildet der Holzgeist zu technischen Zwecken ein sehr gutes Surrogat für den Alcohol und wird besonders viel in der Schweiz, in Deutschland und England verwandt, im letzteren Lande benutzt man ihn sogar zum inneren Gebrauch für Branntwein, wenigstens verfälscht man daselbst den Kornbranntwein häufig mit demselben. Für den Holzdestillateur ist der Holzgeist also von Wichtigkeit und seine Gewinnung als Nebenproduct darf nicht aus dem Auge gelassen werden.

III. Holztheer.

Diesen, wie schon erwähnt, bilden zwei Brandöle, ein leichtes auf der Holzsäure schwimmendes Oel und ein schweres in der Holzsäure untersinkendes Oel. Nicht selten aber, namentlich bei der Destillation von Birkenrinde, ist auch das schwere Oel leichter als die Holzsäure, und in solchem Falle vereinigen sich bei der Destillation beide Oele und bilden einen leichten Theer.

1) Das leichte Brandöl.
(Kienöl, Pechöl, Theeröl der Theerschweler.)

Das leichte Oel ist sehr flüchtig, verdunstet in offenen Gefässen sehr rasch und verdickt sich oder verharzt. Es ist, je nachdem aus welcher Holzart es erhalten wurde, bald heller oder dunkler braun gefärbt, bald flüssiger, bald dicklicher und besteht grösstentheils aus Eupion bei harzarmen Hölzern, aus einem unreinen Terpentinöl und Eupion bei Kienholz, Toluol und Eupion bei Birkenrinde. Im gereinigten Zustande, wenn ihm die Harztheile genommen wurden, bildet es, gleichviel von welcher Holzart es abstammen mag, ein sehr werthvolles Product zum Auflösen von Harzen, zur Firnissbereitung, Beleuchtung in sogenannten Photogen- oder Camphinlampen, zum Vertilgen von Fettflecken u. s. w., und ist daher bei der Holzdestillation von Wichtigkeit.

2) Das schwere Brandöl.
Theer, Holztheer. Französisch: *Gaudron, Brai.* — Englisch: *Tar.* — Italienisch: *Catrame, peu di legna.*

Der Theer ist, wie schon früher bemerkt, von verschiedener Consistenz, Färbung und Geruch, je nach seiner Abstammung. Er ist syrupartig, dunkelbraun, glänzend, oder dicker gelbbraun, klebrig, wenn er aus harzreichen Hölzern (Nadelhölzern, Coniferen) gewonnen wurde, und von eigenthümlichem empyreumatisch-harzartigem Geruch. Der Theer aus Laubhölzern ist nicht klebrig, sondern mehr fettartig (besonders der aus Espen, Pappeln und Weiden fast talgartig), mehr oder weniger dickflüssig, schwerer als Wasser, von widerlich brenzlichem, nicht harzartigem Geruch und dunkelbrauner, auch bläulichgrauer (Espentheer) Farbe. Der Theer aus Birkenrinde ist nicht klebrig, sehr dünnflüssig, ölartig, schwarzblau oder auch graublau, opalisirend, von durchdringendem, eigenthümlichem, etwas an Steinöl erinnerndem Geruch, ist sehr flüchtig und specifisch leichter als Wasser.

Alle diese Theere werden von mannigfaltigen, flüssigen und festen Kohlenwasserstoffen zusammengesetzt, die wir schon früher erwähnten. Es sind vornehmlich Eupion, Toluol, Kapnomor, Picamar, Kreosot, Retinyl, Retinol, Paraffin, Pyren, Chrysen, Cedriret, Pyroxanthin, Pittakall, Retisteren und Naphtalin. Die anderen früher erwähnten Stoffe kommen nur in Steinkohlen- und animalischem Theer vor. Ferner enthält der Holztheer noch mehr oder weniger Holzsäure und zwar gewöhnlich, mit Ausnahme des Birkentheeres, sehr starke, ebenso auch Holzgeist, sammt den früher erwähnten im Holzgeist vorkommenden alcoholartigen Flüssigkeiten, so wie auch geringe Mengen von Ammoniak, vornehmlich im Birkentheer.

Unterzieht man den Theer einer Destillation, so geht zunächst mit saurem Wasser (Holzsäure) ein gelbgefärbtes, leichtes, sehr flüchtiges Oel ab, welches wie die leichten Brandöle aus mehreren noch nicht näher untersuchten Oelen besteht, im Allgemeinen aber, je nach dem Theer, von welchem es abstammt, entweder mit Eupion, oder rohem Terpentinöl (Kienöl), oder Toluol bezeichnet wird. Nachdem alles leichte Oel übergegangen ist, tritt eine kleine Zwischenpause ein, alsdann beginnt wieder die Destillation und zwar viel gleichmässiger, es beginnt mit wenig Holzsäure ein dickflüssiges gelb oder röthlich gefärbtes Oel überzugehen, welches im Wasser untersinkt, und aus Kreosot, Kapnomor, Pyroxanthogen, der Furfuröle und anderen noch nicht hinreichend untersuchten Oelen besteht. Wenn 50% des Theeres abdestillirt sind, so wird die rückständige Masse nach dem Erkalten hart, glasartig, glänzend braunschwarz, und stellt so das sogenannte schwarze Pech, Schiffspech (*pix, pix navalis* der Pharmaceuten und Aerzte) dar. Bei sehr flüssigem, leichtem Theer tritt diese Consistenz erst nach Abzug von 60—80% des Theeres ein. Wird die Destillation bis zum Trocknen fortgesetzt, so treten alsbald permanente, meist ölbildende Gase auf. Bald darauf destillirt bei 250—300º C. ein gelbes bis röthliches, dickes, sehr fettes, schweres Oel über, welches aus Retinol besteht und feste Kohlenwasserstoffe, als Paraffin, Pyren, Chrysen, Retisteren, aufgelöst enthält. Je weiter die Destillation vorrückt, desto paraffinhaltiger erscheint das Oel, indem in der Vorlage und in dem Retortenhalse sich Paraffin in Crystallen oder in Butterconsistenz ansammelt. Nicht selten erscheint zu dieser Zeit auch Naphtalin. Zu Ende der Destillation entsteht wieder eine Gasentwickelung und es sublimirt im Retortenhalse ein glänzendes, rothbraunes Pulver, welches sich zwischen den Fingern kneten lässt, geruchlos ist und einen schwach bitterlichen Geschmack besitzt. In der Destillirblase bleibt als Rückstand ein sehr schöner, mehr oder weniger poröser, sehr harter und schwer verbrennlicher Koks zurück.

Rohes Terpentinöl.

Kien- und Pechöl der Theerschweler, *Oleum Terebinthinae crudum* der Pharmaceuten. — Französisch: *Huile de Térébinthine, Huile de sapin.* — Englisch: *Oil of turpentine.* — Italienisch: *Olio di trementino.*

Das Terpentinöl ist eigentlich in dem ausfliessenden Harze der Coniferen, dem Terpentin, enthalten. Allein es destillirt auch, wie wir gesehen haben, bei der trocknen Destillation aller harzreichen Hölzer (Nadelhölzer), besonders Kiefernwurzeln, und bei der Destillation des Theeres der Nadelhölzer, freilich nicht rein, sondern stets mit mehr oder weniger Eupion gemischt über, namentlich wenn es aus dem Theer abgezogen wird. Es ist eine dunkelgelbe bis rothbraune, klare Flüssigkeit, von starkem, harzigem, mehr oder weniger brandigem Geruch, bitterem, kühlendem, scharfem Harzgeschmack, ist sehr feuerfangend, brennt mit heller, sehr stark rauchender Flamme und bleibt in der Kälte flüssig, bei —20° scheidet sich aber ein fester krystallinischer Körper aus. Der Luft längere Zeit ausgesetzt, wird es durch Sauerstoffaufnahme allmählig immer dicker und verharzt zuletzt zu Colophonium. Seine Dämpfe erweisen sich beim Einathmen dem Menschen als schädlich. Die Folgen davon äussern sich in Schlaflosigkeit, Wärme und Jucken der Haut, Unlust zum Arbeiten, im Gefühl von Schwäche im ganzen Körper u. s. w.

Der Einwirkung gewisser Agentien unterworfen und durch Destillation gereinigt, stellt es eine vollständig farblose Flüssigkeit von einem specifischen Gewicht von 0,86 oder 0,88 dar, dessen Siedepunkt bei 160—165° C. liegt. Es ist in Wasser nur sehr wenig, in Alcohol zum Theil, in Aether leicht löslich. Im gereinigten Zustande dient das Kienöl zu demselben Zweck, mit Ausnahme etwa der Medicin, wie das eigentliche Terpentinöl, welches aus Terpentin destillirt wird, ja es erweist. sich sogar für manche Zwecke noch als besser, indem es viel leichter Harze und namentlich Kautschuk löst, auch für Lacke und Firnisse besser zu verwenden ist und nicht den durchdringenden Terpentingeruch besitzt, sondern einen viel milderen, jedoch etwas brandigen. Es wird auch mit Spiritus gemengt, in manchen Gegenden als „Gasäther", „Leuchtspiritus" etc. zur Beleuchtung in besonderen Lampen benutzt (vorzüglich in Schlesien und den russischen Ostseeprovinzen, Liv-, Ehst- und Kurland), und auch als Camphin kommt es in den Handel und dient ebenfalls zum Brennen in den sogenannten Camphinlampen. Besonders wichtig ist aber das Terpentinöl zur Bereitung von Firnissen, die Copal enthalten, und daher bildet es einen sehr wichtigen Handelsartikel.

Eupion.

(In allen Sprachen gleich.)

Es tritt besonders bei der Destillation der harzarmen Nadelhölzer oder der Laubhölzer auf und besteht aus einer Reihe von Gliedern homologer Verbindungen aus Kohlenstoff und Wasserstoff, deren chemische Constitution der Formel C^5H^4 entspricht oder ein Multiplum davon ist. Bei der Destillation der Nadelhölzer ist es stets mit mehr oder weniger Terpentinöl gemengt. Im rohen Zustande ist es dunkelgelb oder rothbraun. Durch Einwirkung von Alkalien und Säuren und Reinigung durch Destillation wird es farblos, verliert seinen stechenden, brandigen Geruch zum grössten Theil, indem es ihn mit einem etwas narcissähnlichen vertauscht, und erhält ein specifisches Gewicht von 0,37 und einen Siedepunkt von 47°. Es ist in Wasser nur höchst wenig löslich, leicht löslich in Alcohol und besonders Aether. Harze, Mastix, Camphor, Kautschuk, Gutta Percha, Wachs, Fette und ätherische Oele löst das Eupion mit Leichtigkeit und in grosser Menge auf. Ebenso Phosphor und Schwefel. Auch Gummigutti und Schellack sind, wiewohl in geringer Menge, im Eupion löslich. Mit einer gesättigten Lösung von Schellack in Alcohol oder Holzgeist lässt es sich zu gleichen Raumtheilen vermengen und ist durch diese Eigenschaft für die Firnissfabrikation von grosser Wichtigkeit. In diesem Zustande ist es völlig indifferent gegen die stärkste Schwefelsäure und Alkalien. Dagegen rauchende Salpetersäure verwandelt es in Nitroeupion, einen dem Nitrobenzol sehr ähnlichen Körper, und in viele andere Nitroverbindungen.

Das ächte Eupion, welches Reichenbach im leichten Buchentheer entdeckt hat, existirt eigentlich nicht fertig gebildet in dem

Brandöl, sondern entsteht erst bei Einwirkung der Schwefelsäure und Alkalien auf dasselbe.

Das Eupion kann zu denselben, wenigstens zu den meisten Zwecken, wie das Terpentinöl verwandt werden, und es ist besonders zur Bereitung des Brönner'schen Fleckwassers geeignet, nicht so gut aber zur Beleuchtung in Camphinlampen, da es zu flüchtig ist und daher leicht eine Explosion hervorrufen kann. In gewisser Beziehung, z. B. bei der Fabrikation von Firnissen, verdient es vor dem Terpentinöl den Vorzug.

Benzol, Benzin.

Phenylwasserstoff oder Benzidwasserstoff, Phen, Faraday's Doppeltkohlenwasserstoff. — *Benzinum, Benzolum, Tricarburetum hydrogeniae, Bicarburetum hydrogeniae* etc. der Pharmaceuten und Aerzte. — Französisch: *Benzone, Phène, Bicarbone de hydrogene, Tricarbur de hydrogene, Benzine*. — Italienisch: *Benzolo*.

Das Benzol wurde zuerst (1825) von Faraday in dem Oele vom comprimirten Oelgase entdeckt, später von Mitscherlich aus der Benzoësäure dargestellt. Mansfield erhielt es aus dem leichten Oele der Steinkohlen, welches dasselbe in grösserer Menge enthält, und jetzt daraus oder aus Petroleum fabriksmässig dargestellt wird.

Bei der Destillation von Holz kommt es nur in kleiner Menge ebenfalls im leichten Brandöle vor, besonders in dem aus Laubhölzern gewonnenen, namentlich im Theer der Birkenrinde. Das meiste Benzol geht übrigens bei der trocknen Destillation des Holzes mit dem Elayl als Gas fort. Aus dem Holzöl gewonnen, ist es stets mit anderen Oelen gemengt, wie mit Eupion, Toluol u. s. w. Das Toluol lässt sich von ihm leicht trennen, wenn es einer fractionirten Destillation unterworfen wird, da das Toluol einen viel höheren Siedepunkt hat, nicht so wohl aber das Eupion, welches mit dem Benzol zugleich überdestillirt.

Das Benzol ist eine ätherartige, klare, vollkommen farblose, leicht bewegliche, das Licht stark brechende Flüssigkeit, von starkem ätherischem, betäubendem, für Viele angenehmem Geruch. Es besitzt ein spec. Gewicht von 0,85 und einen Siedepunkt von 80—85,5° C. Bei 0° erstarrt das chemisch reine Benzol zu einer weissen krystallinischen Masse. In Wasser ist es kaum, in Alcohol und Aether leicht löslich. Es ist äusserst leicht entzündlich, brennt mit stark leuchtender, russender Flamme. Harze, Kautschuk, Gutta Percha, Schwefel, Phosphor, Jod, Chinin, ätherische und fette Oele löst es mit grösster Leichtigkeit und in grosser Menge auf. Auch wie das Eupion löst es in sehr geringer Quantität Schellak, Gummigut auf und vermischt sich mit einer alcoholischen Auflösung des ersteren zu gleichen Volumen. Durch seine ausserordentliche Flüchtigkeit kann es sich leicht mit der atmosphärischen Luft vermengen und sodann die Luft, wenn man mit Licht ankommt, sich entzünden; es wird daher zur Sättigung schlecht leuchtender Gase (besonders Grubengas, Wasserstoffgas) gebraucht, und auch die mit Benzol geschwängerte atmosphärische Luft aus besonderen Apparaten zur Beleuchtung angewandt. Das Benzol wirkt auf den thierischen Organismus innerlich genommen als Gift. Kaninchen, Tauben und überhaupt kleinere Thiere starben schon von 10 Gran. Der Mensch bekommt Krämpfe und Lähmungen, auch das Einathmen von Benzindämpfen ist natürlich sehr schädlich. Insecten, z. B. Motten, Wanzen etc. kann man dadurch tödten, dass man die betreffende Localität, wo sich diese Thiere befinden, mit Benzindämpfen versieht.

Mit rauchender Salpetersäure in Verbindung gebracht, liefert das Benzol das Nitrobenzid $C^{12}H^5, NO^4$ oder das sogenannte künstliche Bittermandelöl, Mirbanöl. *Huile* oder *Essence de Mirbane*, eine gelbliche Flüssigkeit von süsslichem Geschmack und einem Geruch, der zwischen dem Bittermandel- und Zimmtöl steht. Es besitzt ein spec. Gewicht von 1, 2, siedet bei 213° C. und wird bei —3 krystallinisch. In Wasser ist es nicht, dagegen in Alcohol und Aether leicht löslich. Dieses Oel findet in der Parfümerie sehr ausgedehnte Anwendung; von viel grösserer Wichtigkeit ist es aber für die Bereitung des Anilin und der verschiedenen in neuester Zeit so berühmt gewordener Anilinfarben. Aus allem diesen erhellt die Wichtigkeit des Benzols.

Toluol, Tolin.

Tolidwasserstoff, Benzoën, Dracyl. — Französisch: *Tuline*. — Italienisch: *Toluolo*.

Das Toluol bildet sich bei der trocknen Destillation sehr vieler organischer Stoffe, namentlich vieler Harze, des Tolubalsams, Drachenblutes, der Steinkohlen u. s. w. In besonders grosser Menge habe ich das Toluol im Birkentheer angetroffen, wo es fast bis 50% des Theeres ausmacht.

Das Toluol wurde zuerst von Pelletier und Walter im Jahre 1837 entdeckt und später von Deville genauer untersucht. Es ist im reinen Zustande eine leicht bewegliche, völlig farblose, das Licht stark brechende, dem Benzol analoge und homologe Flüssigkeit von 0,864 spec. Gewicht und einem Siedpunkt von 109° C. Es erstarrt nicht wie das Benzol beim Gefrierpunkt, sondern erst bei — 20°, in

14 I. Die trockne Destillation des Holzes und die Producte derselben.

Aether ist es leicht, in Alcohol schwer, in Wasser gar nicht löslich, angezündet brennt es mit einer stark leuchtenden, russenden Flamme, in einer Photogen- oder Petroleumlampe brennt es ohne zu russen mit einem ausgezeichneten weissen intensiven Licht. Es löst Harze, Kautschuk, fette und ätherische Oele; seine chemische Formel ist $C^{14}H^8$. Der Einwirkung rauchender Salpetersäure in der Kälte unterworfen, bildet es eine dem Nitrobenzol ähnliche Verbindung, das Nitrotolid $C^{14}H^7$, gleichfalls ein gelbliches, dickes Oel, von angenehmem bittermandel- und zimmtartigen Geruch und süsslich-bitterem Geschmack, welches ein spec. Gewicht von 1,18 und einen Siedepunkt von 225º C. besitzt. Dieses Oel lässt sich ebenfalls in eine organische Base verwandeln, wie das Nitrobenzol, in Anilin sowohl, als auch in einen dem Anilin sehr ähnlichen Stoff, das Toluidin $C^{14}H^9N$, welches gleichfalls zur Darstellung prachtvoller Farben gebraucht werden kann.

Wie aus dem Angeführten zu ersehen ist, kann das Toluol zu sehr verschiedenen technischen Zwecken angewandt werden, besonders aber, da es im Birkentheer in so grosser Menge vorkommt, liefert es in holzreichen Gegenden unstreitig das wohlfeilste Beleuchtungsmaterial.

Kreosot, Kresyloxydhydrat.
Französisch: *Créosote.* — Italienisch: *Creosota.*

Das Kreosot wurde zuerst von Reichenbach in dem schweren Oele des Buchenholztheeres aufgefunden. Es findet sich aber in allen Holztheerarten, in dem schweren Oele. Im reinen Zustande bildet es eine klare, vollkommen farblose, vom Licht jedoch gelb oder braun werdende, stark lichtbrechende Flüssigkeit von äusserst durchdringendem Rauchgeruche und brennend scharfem Geschmack. Es ist vollständig flüchtig, bleibt bei — 27º C. noch flüssig und besitzt ein spec. Gewicht von 1,04 und einen Siedepunkt von 208º C. Im Wasser ist es nur wenig, in Alcohol, Aether, Schwefelkohlenstoff, fetten und ätherischen Oelen in jedem Verhältniss löslich. Ammoniak und Essigsäure lösen gleichfalls grössere Quantitäten auf. Das Kreosot bildet ein Lösungsmittel für viele Harze, Phosphor, Schwefel, Borax, Kupferoxyd u. s. w. Eiweiss und Blut coagulirt es auf der Stelle und besitzt überhaupt ausgezeichnete antiseptische Eigenschaften, weshalb es zum Conserviren des Holzes sich besonders eignet. Innerlich genossen wirkt es als Gift. Kleine Thiere starben von 5—10 Tropfen unter starken Convulsionen, z. B. Sperlinge.

Früher wurde das Kreosot allgemein mit der Carbolsäure (Phenylsäure, Spirol) für identisch oder homolog gehalten, was sich aber durch neuere Untersuchungen widerlegt hat. Ein sicheres Unterscheidungszeichen von der Carbolsäure ist die braune Färbung des Kreosots, welche es nach Zusatz von Eisenchlorid annimmt, während die Carbolsäure durch Eisenchlorid stets blau-violett gefärbt wird. Die chemische Formel des Kreosots ist nicht genau bestimmt worden. Nach Völkel ist sie $C^{24}H^{14}O^5$, nach Gorup de Besanez $C^{26}H^{17}O^4$. Das Kreosot wird bekanntlich in der Medicin gegen Zahnweh und als Auflösung in Wasser zur Blutstillung benutzt.

Kapnomor.

(In allen Sprachen gleich.)

Das Kapnomor ist gleichfalls zuerst von Reichenbach im schweren Oele des Buchenholztheeres gefunden worden und ist auch im rohen Kreosot enthalten. Es bildet im reinen Zustande eine farblose, wasserhelle, sehr stark lichtbrechende, aromatisch riechende, anfangs schwach, später sehr styptisch schmeckende Flüssigkeit von 0,995 spec. Gewicht bei 15,5° C. und einem Siedepunkt von 200 bis 208° C. Es ist im Wasser wenig, in Alcohol, Aether, ätherischen Oelen u. s. w. leicht löslich, ebenso in concentrirter Schwefelsäure, mit letzterer nimmt es eine purpurrothe Farbe an, und bildet beim Verdünnen mit Wasser eine gepaarte Säure, wobei es die Färbung wieder verliert. Mit Salpetersäure bildet es Oxalsäure, Picrinsäure und eine andere noch nicht genau bekannte krystallinische Substanz. Seine chemische Formel ist $C^{20}H^{11}O^2$. Das Kapnomor findet sich nur in geringer Menge in dem schweren Oele vor und hat keine besondere technische Bedeutung.

Picamar.

(In allen Sprachen gleich.)

Das Picamar hat ebenfalls Reichenbach neben dem Kreosot und Kapnomor im schweren Oele des Buchenholztheeres entdeckt. Von späteren Chemikern konnte es nicht aufgefunden werden. Nach Reichenbach bildet es eine farblose, klare, dickflüssige, eigenthümlich, nicht gerade unangenehm riechende, brennend bitterschmeckende Flüssigkeit von 1,10 spec. Gewicht und 200° C. Siedepunkt. Bei —16 erstarrt es zu Krystallen und bildet mit Alkalien blätterige krystallinische Salze. Seine chemische Zusammensetzung ist unbekannt.

Paraffin.

Französisch: *Paraffine.* — Italienisch: *Parafina.*

Das Paraffin wurde von Reichenbach im Jahre 1830 im Holztheer entdeckt. Es tritt übrigens bei der Destillation der meisten anderen organischen Substanzen auf, wie z. B. der Harze, der Steinkohlen, Braunkohlen, Torf, Fette, Wachse etc. Auch fertig gebildet in der Natur kommt es in vielen Erdharzen und Erdöl vor, so im Petroleum von Nord-Amerika, dem Kaspischen Meere, Persien, Italien, Deutschland, ganz besonders aber im Ozokerit der Moldau, Galiziens, Niederösterreichs, Frankreichs, Englands, ferner und zwar am ergiebigsten in einem Erdharze — wahrscheinlich ebenfalls Ozokerit — auf einer Insel bei Bacu, welches vom Paraffin gegen 82% enthält.

Bei der trocknen Destillation des Holzes entsteht es nicht direct, sondern erst bei der Destillation des Theeres und fast ausschliesslich gegen Ende derselben bei höherer Temperatur und ist daher stets im schweren Oel aufgelöst, seltener suspendirt enthalten. Das Paraffin krystallisirt aus dem schweren Theeröle meist in glänzenden Blättchen, oder, jedoch seltener, in Nadeln, und bildet im gereinigten Zustande einen weissen, alabasterglänzenden, wachsähnlichen, vollkommen geruch- und geschmacklosen harten Körper, der zwischen den Fingern erwärmt, sehr ductil erscheint, jedoch sich nicht wie Wachs kneten lässt, bei 43,7° C. schmelzbar und ohne Zersetzung flüchtig ist. Gegen die stärksten Säuren, Alkalien, Chlor u. s. w. zeigt es sich vollkommen indifferent, so dass man das Paraffin sogar mit concentrirter Schwefelsäure unzersetzt destilliren kann*). Sein spec. Gewicht beträgt 0,87; es gehört zu den polymeren Kohlenwasserstoffen, welche den Kohlenstoff und Wasserstoff in gleichen Aequivalenten und in graden Zahlen enthalten; die Formel ist $C^{24}H^{24}$. Das Paraffin ist im Wasser und kaltem Alcohol nicht, in Aether wenig, in siedendem Alcohol ziemlich leicht, in Fetten und ätherischen Oelen sehr leicht auflöslich, brennt angezündet mit schöner sehr hellleuchtender Flamme.

Bei der Destillation des Theeres bildet das Paraffin eins der wichtigsten Producte. Es wird bekanntlich im ganzen civilisirten Europa (besonders in England und Deutschland) und in Amerika zur Fabrikation von Kerzen angewandt. Die Paraffinkerzen besitzen ein

---

*) In neuerer Zeit hat man jedoch beobachtet, dass rauchende Schwefelsäure in der Hitze ein wenig zersetzend auf das Paraffin einwirkt.

Feste Producte der Holzdestillation.

prachtvolles, alabasterähnliches Ansehen, leuchten sehr intensiv und fliessen bei sorgfältiger Fabrikation nicht. Nur ein Fehler ist ihnen zuzuschreiben, nämlich der, dass sie häufig sich krumm biegen, was aber auch nur an der Fabrikation des Paraffins liegt, und ein geschickter Fabrikant wird diesen Fehler sehr gut zu umgehen oder zu verbessern wissen, indem er zu den Kerzen kein Paraffin unter 50^0 C. Schmelzpunkt nimmt, oder durch entsprechenden Zusatz von Stearin den erforderlich hohen Schmelzpunkt zu erhalten sucht. Eine nicht minder wichtige Rolle spielt das Paraffin als Maschinen- und feine Wagenschmiere, denn das schwere Theeröl eignet sich nur dadurch so vorzüglich als Schmiermaterial, weil es sehr paraffinhaltig ist und ihm eine fette und schlüffrige Eigenschaft verleiht.

Naphtalin, Naphthalin.

Französisch: *Naphtaline.* — Italienisch: *Naftalina.*

Das Naphtalin findet sich hauptsächlich im schweren Steinkohlentheeröle, kommt aber auch im schweren Oele aller Theerarten vor und bildet sich auch bei der Essigsäure, des Alcohols, des Elaylgases etc. durch hohe Rothglühhitze. In reinem Zustande bildet es farblose, durchsichtige, fettglänzende, flache und nadelförmige, oft in allen Regenbogenfarben prachtvoll spielende Krystalle, die im kalten Wasser gar nicht, im warmen nur äusserst wenig, im kalten Alcohol schwer, im heissen Alcohol, Aether, ätherischen und fetten Oelen, so wie Essigsäure leicht löslich sind. Das Naphtalin besitzt einen angenehm aromatischen, an die Blüthen des spanischen Flieders erinnernden Geruch und einen gewürzhaften brennenden und beissenden Geschmack; es zerstört die Haut in concentrirter Lösung aufgetragen und besitzt im verdünnten Zustande ausgezeichnete antiseptische Eigenschaften wie das Kreosot. Sein spec. Gewicht schwankt zwischen 1,048 und 1,153, bei 212 oder 220^0 C. siedet es, sublimirt ohne Zersetzung; durch weissglühende Röhren geleitet, zerfällt es in Wasserstoffgas und Kohle. Sein Schmelzpunkt liegt bei 79^0 C.; angezündet brennt es mit hellleuchtender stark russender Flamme. Seine Formel ist $C^{20}H^8$. Das Naphtalin ist dadurch ausgezeichnet, dass es mit Salpetersäure, Chlor, Brom, Jod etc. eine Menge grösstentheils krystallinischer Substitutionen eingeht, die besonders für die theoretische Chemie von grossem Interesse sind.

Eine besondere oder wichtige technische Verwendung hat das Naphtalin bisher noch nicht gefunden. Man hat wohl versucht aus demselben durch Einwirkung verschiedener Agentien Farbstoffe, ähnlich denen aus Anilin und der Krapwurzel darzustellen, indess haben sich alle bisher aus demselben gewonnenen Farben als zu wenig intensiv und daher als nicht vortheilhaft erwiesen, selbst die durch Einwirkung der Salpetersäure auf Naphtalin entstehende, dem Alizarin sehr nahestehende Phtalsäure. In der Taxidermie, für die Präparation der Thierbälge in zoologischen Museen, hat sich das Naphtalin als ein sehr gut conservirendes Mittel in neuester Zeit erwiesen, was auch der Verfasser dieser Schrift durch eigene Versuche bestätigen kann. Mit einer Auflösung von nur einer Drachme Naphtalin in einem ganzen Pfund Alcohol oder Holzgeist und Bestreichen der Thierbälge mit dieser Auflösung lassen sich die Bälge vor Fäulniss und schädlichen Insecten ausgezeichnet gut schützen und machen die für die Gesundheit des Präparators so sehr nachtheilige Arsenikseife völlig entbehrlich.

Retisteren.
(In allen Sprachen gleich.)

Das Retisteren kommt vorzüglich bei der trocknen Destillation von Harzen im schweren Oele vor. Es findet sich aber auch, wie ich beobachtet habe, in dem schweren Oele von Kientheer. Es ist krystallinisch, vollkommen farb-, geruch- und geschmacklos, fühlt sich fettig an, ist in Wasser und kaltem Alcohol unlöslich, dagegen leicht löslich in siedendem Alcohol, Aether und ätherischen Oelen, besonders in Terpentinöl und Benzol. Bei 67^0 C. ist es schmelzbar, brennt angezündet mit hellleuchtender, russender Flamme und destillirt bei 325^0 C. ohne Zersetzung in weissen Dämpfen. Seine chemische Formel ist $C^{32}H^{14}$. Eine technische Verwendung als Retisteren hat es nicht, trägt aber durch seine Anwesenheit in dem schweren Oele, gleich dem Paraffin, sicherlich viel dazu bei, dass das Oel eine gute Maschinenschmiere abgiebt.

Pittacall.
(In allen Sprachen gleich.)

Dieser Stoff wurde von Reichenbach im schweren Oele des Buchenholztheeres entdeckt, von anderen Chemikern jedoch nicht wieder aufgefunden. Nach Reichenbach ist das Pittacall im reinen Zustande eine indigoähnliche, spröde, prachtvoll dunkelblau gefärbte, abfärbende Substanz mit kupferrothem Bruch. Es ist geruch- und geschmacklos, in Wasser, Alcohol, Aether und Alkalien völlig unlöslich, sehr löslich dagegen in Säuren, und lässt sich mit Hülfe von essigsaurer Thonerde und Zinnsalz mit Leichtigkeit auf die organische Faser dauernd befestigen und färbt sie ausnehmend schön blau. Das Pittacall wird vielleicht einst noch ebenso wichtig als das Anilin für die Industrie werden. Die chemische Zusammensetzung des Pittacalls ist unbekannt.

Cedriret.
(In allen Sprachen gleich.)

Das Cedriret wurde ebenfalls von Reichenbach entdeckt und entsteht durch die Einwirkung schwach oxydirender Stoffe, wie schwefelsaurem Eisenoxyd, chromsaurem Kali u. s. w. auf eine nicht genau bekannte ölige Flüssigkeit des schweren Theeröles. Es krystallisirt in feinen rothen nadelförmigen Krystallen. In höherer Temperatur ist es unter theilweiser Zersetzung flüchtig, entzündbar und verbrennt ohne Hinterlassung eines Rückstandes. Es ist in Wasser, Alcohol, Aether, ätherischen und fetten Oelen unlöslich, löslich dagegen in Kreosot mit purpurrother und in Schwefelsäure mit indigoblauer Farbe. Die chemische Zusammensetzung ist unbekannt.

Pyroxanthin, Eblanin.
(In allen Sprachen gleich.)

Das Pyroxanthin wurde anfangs von Nicolai aus dem Holzgeist dargestellt. Es ist ein schön gelber krystallinischer Körper, der in Wasser und Alkalien sich nicht, in Alcohol, Aether und Essigsäure in der Wärme ziemlich leicht auflöst. Ebenso löst es sich in Salpetersäure und zwar mit schöner tief purpurrother Farbe auf. Von Schwefelsäure wird es erst blau, dann braunschwarz gefärbt. Seine chemische Formel ist $C^{20}H^9O^4$.

Chrysen und Pyren.
(In allen Sprachen gleich.)

Diese beiden festen Producte der Destillation fast aller Theere bilden sich stets nur zu Ende derselben und treten nur in geringer Menge auf.

Das Chrysen bildet ein gelbes krystallinisches, geruch- und geschmackloses Pulver, welches in Wasser und Alcohol unlöslich, in Aether nur schwer, in Terpentinöl und Benzol dagegen leichter löslich ist. Bei 230—235° C. ist es schmelzbar und sublimirt in höherer Temperatur unter theilweiser Zersetzung. Salpetersäure verwandelt es in eine lebhaft rothe, noch nicht genau untersuchte Nitrosubstanz. Seine chemische Formel ist $C^{12}H^{14}$.

Das Pyren erscheint in schwach gelblich gefärbten, geruch- und geschmacklosen, bei 180° C. schmelzenden, in höherer Temperatur ohne Zersetzung flüchtigen, in Wasser unlöslichen, in Alcohol und Aether nur wenig, in Terpentinöl sehr leicht löslichen rhomboidalen Blättchen. Seine chemische Formel ist $C^{30}H^{12}$. Mit Salpetersäure behandelt, geht es ebenfalls eine Nitroverbindung ein und bildet das Dinitropyren ($C^{30}H^{10}$), $2No^4$, eine gummigutähnliche, in höherer Temperatur schmelzbare und nach dem Erkalten krystallinische Masse.

Eine technische Verwendung hat bisher weder das Chrysen noch das Pyren erlangt.

Auf welche Producte der Holzdestillation soll man sein Hauptaugenmerk richten?

Dies hängt ganz von der Gegend ab, in welcher dieser oder jener Artikel gesuchter ist und welches Holz zur Disposition steht.

In Gegenden, wo die Wälder aus viel Laubholz, besonders Eichen, Buchen etc. bestehen und der Getreideessig nicht gar zu niedrig im Preise ist, wird man sein Hauptaugenmerk auf die Holzsäure richten, und diese auf Essigsäure und die gesuchtesten essigsauren Salze verarbeiten, während Theer und Kohle nur die Rolle von Nebenproducten spielen werden.

In Gegenden mit harzreichen Hölzern, z. B. Kiefern, wird man die Gewinnung des Theeres obenan stellen und diesen je nach seinem Ermessen entweder als solchen verkaufen, oder ihn zur Fabrikation weiterer Producte, besonders Terpentinöl, Camphin und Maschinenschmiere verarbeiten, was sich stets besser bezahlt.

In Gegenden, wo besonders viele Birken wachsen und die Birkenrinde wohlfeil zu beschaffen ist, vielleicht auch die Beleuchtungsstoffe theuer sind, wird es von grossem Vortheil sein, die Birkenrinde auf Theer zu verarbeiten und aus diesem flüssige Beleuchtungsmaterialien und Maschinenschmiere zu gewinnen.

In Gegenden endlich, wo Eisenhütten, Eisengiessereien sich befinden und Mangel an Steinkohle ist, wird man hauptsächlich die Kohle in Betracht ziehen.

Im Allgemeinen besitzen aber alle drei Rohproducte für den Fabrikanten grossen Werth. Nur in Ländern, wie Russland, kommt es häufig vor, dass man in manchen Gegenden die Holzkohle gar nicht absetzen kann und der Holzdestillateur sich genöthigt sieht, dieselbe für seine eigene Fabrik als Heizmaterial zu verwenden.

Behälter für die trockne Destillation des Holzes, und in was für welchen soll dieselbe vorgenommen werden?

Von ausserordentlicher Wichtigkeit ist es für den Fabrikanten, die richtigen Apparate für die Destillation des Holzes gewählt zu haben, denn nicht selten sind allein nur diese an der geringen Rentabilität oder an dem Verlust der Fabrik schuld.

Die Wahl der Apparate muss sich ganz und gar nach der Gegend und den Producten der trocknen Destillation des Holzes richten, welchen man seine vorzüglichste Aufmerksamkeit zu widmen gedenkt, mag man nun die Abzugsproducte (Theer, Holzsäure) oder die Rückstandsproducte (Kohle) im Auge haben. Die trockne Destillation wird entweder in Retorten, Schwelöfen oder Meilern vorgenommen. Die Beschreibung aller Retorten, Oefen u. s. w. zu liefern, liegt nicht in der Tendenz dieser Schrift, ist auch völlig nutzlos. Ich werde nur die wichtigsten und praktischsten aufführen.

Die Retorten.

Die Retorten werden theils und zwar vornehmlich aus Eisen, Schmiedeeisen oder Gusseisen gemacht, theils und zwar in neuester Zeit aus feuerfestem Thon. Ihrer Form nach sind sie sehr verschieden, horizontal, cylindrisch oder elliptisch, von der Form eines liegenden D, oder viereckig, oder vertical, ebenfalls cylindrisch oder unten schmäler und abgerundet oder auch viereckig.

Zur Gewinnung von Theer und Holzsäure eignen sich die Retorten, und namentlich die eisernen, insofern am besten, weil sie das Entweichen von Dämpfen resp. Destillationsproducten, ausser durch das Ausführungsrohr, nirgends zulassen, mithin die grösste Ausbeute an diesen Producten und auch selbst an Kohle gewähren, da ja auch die Kohle, wenn Luft zukommt, leichter wird und auch zu Asche verkohlt, ferner erfordern sie von Allen am wenigsten Heizmaterial. Die hohe Temperatur aber, der man die Retorten auszusetzen hat, und ganz vorzüglich die fressenden Essigsäuredämpfe, die im Innern sich entwickeln, vernichten die Retorten erfahrungsmässig in sehr kurzer Zeit, gewöhnlich schon nach $3/_4$- oder höchstens nach $1\,^1/_4$jährigem Gebrauch, so dass sie zu gar nichts mehr, oder höchstens zum Einschmelzen auf Gusseisen verwandt werden können. Diese Apparate sind also ihrer geringen Dauerhaftigkeit wegen zu verwerfen, oder nur da mit Vortheil zu gebrauchen, wo das Eisen leicht und wohlfeil zu beschaffen ist, und auch da nur in dem Falle, wenn das Holz theuer sein sollte und selbst ein geringer Verlust von den Destillationsproducten hoch in Anschlag zu bringen wäre. Vortheilhafter sind schon die irdenen Retorten, welche aus feuerfestem Thon verfertigt werden. Diese dauern zwar lange oder können wohlfeil wieder durch neue ersetzt werden, allein sie bekommen durch die Expansionskraft der Dämpfe stets Risse und lassen dadurch viel von den Destillationsproducten verfliegen. Auch verlangen sie grosse Vorsicht beim Füllen, damit sie nicht zerbrochen werden. Ueberhaupt sind die thönernen Retorten mehr für die Destillation von Steinkohlen und dergl. geeignet, als für Holz, welches mehr flüssige Producte liefert und überhaupt grössere Retorten erheischt.

Es sind also, will man die Destillation in Retorten vornehmen, die eisernen den thönernen vorzuziehen und zwar die schmiedeeisernen, da diese, wenn sie unten, wo sie vom Feuer am meisten zu leiden haben, durchbrennen, leicht wieder geflickt werden können und überdies niemals platzen können, während gusseiserne Retorten, wenn sie nicht aus gutem Lehmguss verfertigt werden, sehr leicht platzen und sodann durch die Ritze die Destillationsproducte sich verflüchtigen lassen; auch kann man sie, wenn sie einmal durchgebrannt sind, nicht flicken.

Die Form der Retorten anlangend, so sind die Horizontalretorten, und zwar die cylindrischen, allen anderen vorzuziehen, die Verticalretorten aber durchaus zu verwerfen. Auch in Frankreich, wo die letzteren zuerst aufgekommen sind, fängt man jetzt an, dieselben mit den in England gebräuchlichen Horizontalretorten zu vertauschen.

Die Verticalretorten sind nicht allein durch ihr unbequemes Füllen, von oben nämlich, und Entleeren unpractisch, sondern in noch viel höherem Grade dadurch, dass die Abströmung der anfangs dampfförmigen, später zu condensirenden Producte der unteren Schichten, um zum Abzugsrohr zu gelangen, über die oberen Schichten des Materials steigen müssen, weil das Abzugsrohr sich oben befindet und die schweren Producte, z. B. der Theer, sich nur schwer so hoch erheben kann, sondern wieder auf den glühenden Boden der Retorte zurückfällt. Bei dieser Gelegenheit aber, überhaupt, wenn die Producte längere Zeit der Temperatur ausgesetzt werden, bei welcher sie entstanden sind, zersetzen sie sich und gehen theilweise in permanente Gase über, wodurch also ein grosser Verlust entsteht. Um sich einigermaassen vor solchem Verluste zu schützen, muss sodann ausser einem oberen Abzugsrohr, auch noch ein zweites unten angebracht werden, doch wird auch bei dieser Einrichtung die Verticalretorte nie ein so günstiges Resultat, wie die gleich unten zu beschreibende Horizontalretorte liefern.

Horizontale Retorten zur Destillation von Holz.

Die nach meiner Erfahrung geeignetste Retorte zur Destillation des Holzes ist eine gleichmässig cylindrische, in den Ofen horizontal eingemauerte, von $6\frac{1}{4}$ Fuss Länge und $2\frac{1}{2}$ Fuss Durchmesser. Die Retorten müssen mindestens aus $\frac{1}{4}$ Zoll dickem Eisenblech angefertigt und die sie zusammensetzenden Eisenbogen sehr dicht mit einander vernietet werden. An dem einen Ende ist die Retorte ganz offen und wird durch eine einpassende ebenfalls aus dickem Eisenblech angefertigte Thüre nach der Füllung verschlossen. Das andere der Thüröffnung entgegengesetzte Ende der Retorte ist trichterförmig verlängert und endet in einen Schnabel, auf dem das Ausführungsrohr befestigt wird.

Die Retorten werden zweckmässig zu zweien über eine Feuerung eingemauert. Für jede einzelne Retorte eine besondere Feuerung anzubringen, wie es manche Fabrikanten thun, ist durchaus unökonomisch. Zwei Retorten aber über einander über eine Feuerung anzubringen, ist durchaus unpraktisch, da eine von diesen Retorten stets in der Verkohlung des Holzes zurückbleibt, dies ist namentlich mit der obern der Fall. Am Vortheilhaftesten werden sechs Retorten in einer einzigen Mauer mit drei Heizungen und einer gemeinschaftlichen Esse angebracht (Fig. 1.); dadurch wird nicht nur Baumaterial gespart, sondern die Oefen werden auch fester und halten dadurch länger. Der grösseren Dauerhaftigkeit halber muss die Ofenmauer unten (*A. B.*) länger sein, als oben (*C. D.*). Ausserdem ist es erforderlich, dass die Mauer an allen vier Seiten, die Längsseiten jederseits mit zwei, die Breitenseiten mit drei soliden eisernen Klammerstäben versehen wird, damit dieselbe von der starken Hitze nicht etwa berstet, was sonst nach Verlauf von einem Jahr oder noch früher leicht geschieht.

Die Retorten werden, wie erwähnt, horizontal eingemauert, und zwar so, dass sie auf dem Gewölbe ruhen und das Feuer dieselben nicht direct von unten, sondern von der Seite und fast rund herum in Zügen umspült. Würde auch der untere Theil der Retorte vom Feuer direct berührt werden, so würde diese Seite sehr bald durchbrennen. Die Thürseite der Retorte wird nach der Heizung gerichtet, während das trichterförmige Hinterende mit dem Ausführungsschnabel nach hinten zu liegen kommt. Die trichterförmige Verlängerung der Retorte muss noch eingemauert sein und auch noch von einem Zuge erwärmt werden, dagegen sieht das Ausführungsrohr, der Schnabel, aus der Mauer heraus und zwar mindestens einen Fuss.

Fig. 1.

Zweckmässig ist es auch, dass nicht allein die trichterförmige Verlängerung vom Feuer umspült wird, sondern auch noch die Thürseite der Retorte. Zu diesem Zweck muss die Thüre der Retorte so eingerichtet werden, dass sie etwa vier Zoll in die Retorte hineinragt, damit man sie mit dünnen Ziegeln fest vermauern kann. Der Ofenraum, in welchem die Retorte sich eingemauert befindet, muss demnach nach vorn verlängert werden und durch eine eiserne Thüre, die übrigens aus altem Eisenblech bestehen kann, vor dem Anheizen verschlossen werden. Es ist zwar ein wenig umständlich, jedesmal nach dem Füllen der Retorte die Retortenthüre zu vermauern und nach beendeter Destillation wieder zu erbrechen; indess ist das von ausserordentlichem Vortheil, wenn auch die Thüre vom Feuer erhitzt wird, denn wenn das nicht geschieht, so suchen die Dämpfe bei der Destillation sich stets nach der Thürseite zu drängen, weil diese kühler ist, und veranlassen dadurch selbst bei sehr sorgfältigem Verschliessen und Verschmieren der Fugen mit Kitt, ein Entweichen der Destillationsproducte.

Der Retortenschnabel muss einen Durchmesser von 7 Zoll haben und sich ein wenig nach vorn verschmälern. Vom Retortenschnabel geht ein Knierohr in einen Recipienten oder eine Vorlage. Die obere Röhre des Knierohrs wird auf den Retortenschnabel etwa drei Zoll tief geschoben und muss fest anliegen. Das untere Knierohr dagegen mündet in eine aufrecht stehende Röhre der Vorlage mindestens zwei Zoll tief unter dem Niveau der Vorlage.

Die Vorlage (Fig. 1. *a. a.*) dient für alle sechs Retorten und ist eine gusseiserne Röhre von der ganzen Mauerlänge und zwei Fuss Durchmesser. Genau der Mündung eines jeden Retortenschnabels gegenüber befindet sich ein halb, oder fusslanges aufrecht stehendes Rohr oder Tubulus zum Empfang des Knierohrs des Schnabels. Unten in der Mitte der Langseite der Vorlage ist ein Ausführungsrohr (Fig. 1. *b.*) von etwa 1 1/2 zölligem Durchmesser angebracht, das ein Paar Zoll von der Vorlage einen Krahn (welchen man in der Abbildung nicht sehen kann) enthält und seinen Verlauf fünf Zoll von dem Fussboden der Fabrik entfernt nach einem in einer Nebenkammer sich befindlichen niedrig stehenden Sammelbottich (Fig. 1. *E.*) nimmt. Der Krahn dient dazu, von Zeit zu Zeit den in der Vorlage angesammelten Theer, Holzsäure etc. abzulassen. An den beiden Breitseiten (Durchmesserseiten) der Vorlage befinden sich zwei Ausführungsröhren (Fig. 1. *c. c.*) von wenigstens sechs Zoll Länge, welche zur Aufnahme einer zehn Fuss langen Röhre (Fig. 1. *d. d.*), welche die Dämpfe in den Condensationsapparat (Fig. 1. *F. F.*) leitet, dient.

26 I. Die trockne Destillation des Holzes und die Producte derselben.

Der Condensationsapparat (siehe Fig. 2.) besteht aus fünf bis sieben — besser sieben — Röhren von wenigstens sechs Fuss Länge und sechs Zoll Durchmesser. Die Röhren (Fig. 2. *b. b. b. b. b.*) durchziehen einen Bottich horizontal, jedoch mit einem kleinen Fall, in etwa ein bis ein Fuss drei Zoll weiten Abständen von einander, und werden durch Kniee (Fig. 2. *c. c. c. c. c.*) ausserhalb des Bottichs mit einander verbunden. Zu diesem Zweck müssen die Röhren beiderseits aus dem Bottich oder Kühlschiff drei bis fünf Zoll nach Aussen hervorsehen, damit man die Kniebogen bequem aufsetzen kann. Der Kühlbottich wird am zweckmässigsten nicht rund, sondern oval gemacht und steht auf einer Unterlage von zwei viereckigen Balken (Fig. 2. *A.*). Unten besitzt er eine Pippe zum Ablassen des Wassers, oben aber an irgend einer Seite eine Röhre, durch welches das warme Wasser in dem Maasse fortfliesst, als man kaltes zufliessen lässt.

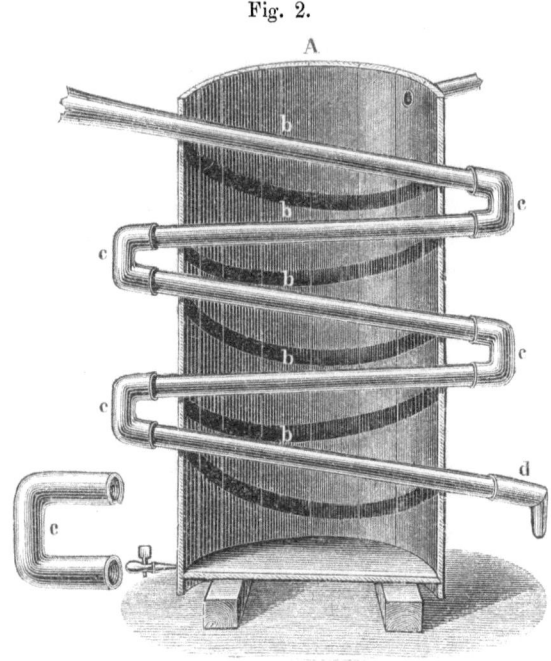

Fig. 2.

Vom letzten Rohr des Kühlapparats geht ein Knie (Fig. 1. *e. e.* und Fig. 2. *d.*) durch den fest schliessenden Deckel des Sammelbottichs (Fig. 1. *G. G.*) in diesen etwa drei Zoll hinein und führt die Condensationsproducte und das Gas in denselben. Aus dem Sammelbottich leitet ein aufsteigendes, mindestens acht Fuss langes zickzackförmiges (wie in Fig. 22. abgebildet) Gasrohr die permanenten Gase durch die Fabrikwand in's Freie. Das Gasrohr muss deshalb so lang sein, weil trotz der besten Abkühlung der Kühlröhren, dennoch viele condensirbare Producte verfliegen. Wenn nun die Gasröhre recht lang ist, so condensiren sich noch viele der flüchtigen

Theile und fliessen längs der Gasröhre herunter in's Reservoir. (Die Oeffnungen *f. f.* in den beiden Sammelbottichen *G. G.* der Fig. 1. bezeichnen die Stelle, wo die Gasröhren eingesetzt werden müssen).

Der Deckel des Reservoirs oder Sammelbottichs muss gut schliessen und nöthigenfalls auch noch mit Kitt verschmiert werden, damit das Gas aus demselben ja nicht in den Fabriksraum entweiche, denn die ausströmenden Gase wirken auf die Lungen sowohl, als auch auf die Augen des Menschen sehr nachtheilig und würden den Aufenthalt in dem Fabrikslocal unausstehlich machen.

Nach beendeter Destillation wird das leichte Oel von den übrigen Destillationsproducten in den beiden Sammelbottichen mit einer Kelle abgeschöpft und in grosse Flaschen gegossen, damit sich die mit dem Oele mit abgeschöpfte Holzsäure abstehe, sodann wird mit einem Heber die Holzsäure abgehebert und das Oel in eine andere Flasche gegossen. Wenn man nun mit dem Abschöpfen des Oeles zu Ende ist, so wird die Holzsäure und der Theer aus dem Sammelbottich mit einer Pumpe in ein bedeutend grösseres, in der Mitte zwischen den beiden kleineren Sammelbottichen stehendes Reservoir gepumpt. Oder, was freilich noch besser wäre, man bringt das grosse Reservoir niedriger an und leitet aus den beiden kleineren Bottichen Röhren, die man unten an denselben einfügt und mit Krähnen versieht, nach dem grossen Bottich. Auf diese Weise braucht man nur die Krähne zu öffnen, und der Inhalt aus den beiden Bottichen fliesst von selbst in das grosse Reservoir. Hier in dem grossen Reservoir lagern sich nun die Destillationsproducte ab, der Theer unten und die Holzsäure oben, und werden sodann zur weiteren Verarbeitung abgezogen.

Die beiden kleinen Sammelbottiche müssen oben ganz bedeutend schmaler als unten angefertigt werden, damit sich das leichte Oel in einer dickeren Schicht oben concentriren und auf diese Weise leichter abgeschöpft werden kann. Der grosse Sammelbottich muss dagegen unten schmaler sein, damit sich der Theer daselbst in einer dickern Schicht ablagern kann. Die kleineren Bottiche erhalten jeder einen Raum, welcher wenigstens fünfzehn Centner Wasser in sich fassen kann, damit ausser den condensirten Flüssigkeiten auch die hinströmenden Gase für ihren, wenn auch kurzen Aufenthalt genügenden Raum finden, da sie sonst einen starken Druck auf die Gefässe ausüben würden.

Der grosse Sammelbottich muss 180 Centner Wasser fassen können, etwa das Zehnfache einer jedesmaligen Destillation, damit man nicht in Verlegenheit kommt, denselben etwa zu Unzeiten leeren zu müssen. Da der grosse Bottich am zweckmässigsten niedriger als die anderen zu stehen kommen muss, so wird seine Grösse auf Kosten der Höhe verfertigt, und er kann sodann nur etwa vier bis fünf Fuss hoch sein, muss aber auch, wie die kleineren Bottiche, einen fest schliessenden Deckel haben, damit die in ihn kommenden Flüssigkeiten nicht verdunsten. Dass er ebenfalls auf Erhöhungen (viereckigen Balken) zu stehen kommen muss, braucht wohl kaum erwähnt zu werden, da ja sonst, wenn er vielleicht zu fliessen anfängt, unter ihn nichts untergelegt werden kann und man überhaupt die lecke Stelle nicht gut wahrnehmen würde.

Manipulation mit diesen Retorten.

Um die trockne Destillation des Holzes mit Vortheil betreiben zu können, ist es durchaus erforderlich, dass nicht zu wenig Retorten angeschafft werden, da zur Bedienung einer grösseren Anzahl von Retorten, z. B. von sechs Retorten, eine gleiche Menge Personal erforderlich ist, wie für eine einzige Retorte. Auch muss es so eingerichtet werden, dass, während eine Partie Retorten abkühlt, die andere Partie in Betrieb gesetzt wird. Es wären also zwei Abtheilungen zu je sechs Retorten zu erbauen nöthig.

Jede Partie, sechs Retorten, kann mit Leichtigkeit von nur zwei Personen bestellt werden, so dass man also für alle zwölf Retorten, da jedesmal nur sechs in Betrieb gesetzt werden können, nicht mehr als zwei Arbeiter nöthig hat. Freilich müssen die Anstalten so getroffen werden, dass die Arbeiter das Holz zum Füllen der Retorten und zum Heizen gleich bei der Hand und nicht etwa weit ausserhalb des Fabriklocals herzubringen haben. Die Einrichtung eines zweckmässigen Locals zur Destillation des Holzes wird weiter unten erörtert werden.

Die Arbeiter haben also auf folgende Art zu verfahren: Zuerst werfen sie die nöthige (annähernd nach Augenmaass bestimmte) Quantität Füllholzes auf den Boden vor die Retorten. Nachdem dies geschehen, steigt der eine der Arbeiter in die Retorte ein, der andere reicht ihm das Füllholz, welches jener, der in der Retorte sitzt, reihenweise, und zwar recht accurat bei möglichster Vermeidung der Zwischenräume, horizontal in die Retorte legt. Dass das Füllen natürlich mit dem hintersten Retortentheil anfängt, nämlich wo der Schnabel sich befindet, braucht wohl kaum erwähnt zu werden.

Um das Füllen der Retorten zu erleichtern, resp. um es schneller befördern zu können, muss das Füllholz in drei Fuss lange Stücke zerlegt worden sein, damit man bloss zwei Reihen in der Retorte erhält. Bei Kienholz (Holz aus Kiefernwurzeln, Kiefernwurzelstöcke) lässt sich beim Spalten allerdings diese Länge nicht beobachten; da muss man schon mit jeder andern Länge vorlieb nehmen.

Sobald eine Retorte gefüllt worden ist, geht es zur Füllung der anderen u. s. w. Erst nachdem alle Retorten gefüllt sind, wird mit dem Verschliessen und Vermauern derselben begonnen. Und erst, wenn alle verschlossen und vermauert worden sind, werden die Oefen angeheizt und zwar möglichst rasch, d. h. gleichzeitig.

Das Vermauern der Retortenthüren muss sehr sorgfältig vorgenommen werden, damit nicht Ritzen entstehen, aus denen die Destillationsproducte nothwendigerweise entweichen würden.

Das Feuer darf anfangs nur schwach sein, allmählig wird es immer gesteigert, bis die Destillation beginnt, sodann wird in gleicher Stärke fortgeheizt; stets muss es aber so regulirt sein, dass beide Retorten einer Heizung möglichst gleichmässig von demselben umspült werden.

Sobald die oberste Röhre des Kühlfasses nur ein wenig warm wird, muss sogleich der Krahn aus dem Wasserreservoir geöffnet werden, damit das Wasser und die Röhren des Kühlfasses stets kalt bleiben.

Wenn die Destillation im vollen Gange ist, muss man von Zeit zu Zeit aus der Vorlage, oder dem Sammelcylinder, wie man diesen Gegenstand nun gerade nennen will, die condensirten Flüssigkeiten in den grossen Sammelbottich ablassen, indem man den Krahn der Röhre *b* (Fig. 1.) öffnet; würde man das Ablassen unterlassen, so würde sich zuletzt so viel Flüssigkeit ansammeln, dass dieselbe das Niveau der Ausführungsröhren übersteigen würde und so den Abzug der Gase etc. verhindern, was sehr leicht zu Explosionen führen könnte.

Während der Destillation ereignet es sich häufig, dass die lutirten Stellen der verschiedenen Röhren Dampf etc. entweichen lassen. Darauf muss man durchaus Achtung geben, dass dies nicht geschieht, indem man die dampfende Stelle sogleich wieder mit Kitt verschmiert. Das Lutum für die Röhren bereitet man sich aus zwei Theilen pulverisirten, aber sandlosen Kalk und einem Theil Roggenmehl. Anstatt des Kalkes kann man Kreide nehmen, was eigentlich noch besser, aber auch kostspieliger ist, und anstatt des Roggenmehles auch Weizenkleie.

Wenn die Destillation ihr Ende erreicht hat, was man daran erkennt, dass die Ausführungsröhren der Vorlage erkalten und jede Gasentwickelung aufgehört hat, so werden die Kniee (Fig. 1. e. e.), welche in die Bottiche führen, abgenommen und die Röhren mit hölzernen Spunden verschlossen, damit durch dieselben keine Luft in die Retorten eingeführt werden kann, was das Erkalten der Retorten nur verlängern würde, indem die glühenden Kohlen nicht so bald ersticken könnten. Jetzt wird auch der Deckel der Bottiche entfernt und das oben auf der Holzsäure aufschwimmende leichte Oel mit Kellen abgeschöpft, und da es nie ganz ohne Säure abgeschöpft werden kann, anfangs in Halbcentner-Flaschen gethan und nach einigen Minuten, wenn sich die Säure unten abgelagert hat, diese mit einem Heber aus der Flasche entfernt, dann das so gereinigte, d. h. wasser- oder säurefreie Oel ebenfalls in Halbcentner-Flaschen gegossen und bis zum weiteren Gebrauch resp. Reinigung am kühlen Ort (Keller) gut verkorkt aufbewahrt.

Nachdem das Oel abgeschöpft worden ist, wird die in den Bottichen vorhandene Flüssigkeit (Holzsäure und Theer) durch den Krahn vermittelst Pumpen in den grossen Bottich geschöpft.

Um dieses Alles zu vollbringen, haben die Arbeiter höchstens zwei Stunden nöthig.

Wenn also dies Alles geschehen, gehen die Arbeiter ungesäumt zu der anderen Partie der Retorten, leeren diese von den Kohlen, füllen sie dann mit Füllholz und verfahren überhaupt wie oben beschrieben.

Das Leeren der Retorten geschieht auf die Weise, dass, nachdem man die vermauerte Thüre der Retorte geöffnet hat, ein ansehnlicher Karren vor die Retorte gebracht wird und die Kohlen aus der Retorte in denselben eingelegt werden. Dies bewerkstelligt man auf die Weise, dass der eine Arbeiter in die Retorte kriecht, während der andere Arbeiter unten am Karren steht und von dem Ersteren die Kohlen empfängt, um dieselben sachte in den Karren zu thun. Wenn der Karren gefüllt ist, führt ihn der zweite Arbeiter in die Kohlenhütte, die etwa 1000 Schritt von dem Destillationsort entfernt ist, ab, woselbst er durch vorsichtiges Umküppen des Karrens die Kohlen ausstreut.

Wenn eine Retorte von den Kohlen befreit wird, muss dieselbe mit einem Besen rein ausgekehrt und namentlich auch der Retortenschnabel von Kohlenstaub, angebranntem Theer etc. gut gesäubert werden. Erst wenn alle Retorten entleert und gereinigt sind, werden sie von Neuem gefüllt und die Oefen angeheizt.

Um eine Partie von sechs Retorten von Kohlen auszuladen, sie zu reinigen etc. sind nicht mehr als drei Stunden Zeit erforderlich. Um dieselben zu füllen und zu verschmieren, eben so viel.

Um eine Partie von sechs Retorten abzutreiben, genügen 12 bis 15 Stunden, und zum vollständigen Abkühlen derselben im Winter 17, im Sommer 22 Stunden.

Zum Abschöpfen des leichten Oeles, Auspumpen der Destillationsproducte in den Hauptreservoir etc. sind zwei Stunden erforderlich.

Das Destillationslocal.

Das Local besteht aus zwei Abtheilungen: dem eigentlichen Destillationslocal, wo die Oefen mit den Retorten sich befinden, und einem Anbau, in welchem die Kühler und die Reservoire aufgestellt sind. Der Anbau enthält noch eine Abtheilung für den grossen oder allgemeinen Reservoir, welcher warmhaltig gebaut werden muss und einen Ofen aufgestellt erhält, der in sehr kalten Wintertagen geheizt wird, damit die wässerigen Destillationsproducte nicht einfrieren.

Das ganze Gebäude wird natürlich aus Holz aufgebaut, und zwar der Destillationsraum, da er nicht warm zu sein braucht, aus leichtem Holz, scheunenmässig, ohne die Fugen zu verkalfatern.

Hauptbedingung bei dem Aufbau des Locals ist, dass es hinreichend geräumig gebaut wird, damit man sich in demselben an allen Seiten nicht nur bequem bewegen kann, sondern es muss auch an den beiden Breitseiten einige Klafter Füllholz für mehrere Destillationen fassen können, welches zum weiteren Trocknen daselbst aufgestapelt wird. Ferner muss das eigentliche Destillationslocal nicht zu niedrig gebaut werden, denn sonst wird in demselben die Hitze im Sommer unausstehlich, fast wie in einer Glashütte. Der Anbau wird bedeutend niedriger, und sein Dach abschüssig gebaut.

Wenn es die Wahl des Ortes gestattet, so wähle man zum Aufbauen des Gebäudes eine erhöhte Stelle, wo möglich an einem See- oder Flussufer, und richte es so ein, dass das eigentliche Destillationslocal auf der erhöhten Stelle, der Anbau aber auf die niedere Stelle, nahe an das Wasser, zu stehen kommt. Natürlich darf der

Anbau nicht so nahe an's Wasser kommen, dass man etwa im Frühjahr Gefahr läuft, dass Alles voll Wasser wird, oder gar das Gebäude fortgeschwemmt wird. Dadurch, dass das Local an's Wasser niedrig gestellt wird, erreicht man zwei sehr wichtige Zwecke: erstens, dass man das Fundament für die Oefen nicht so hoch zu bauen braucht, indem ja die Kühler und Reservoire niedriger als die Retorten liegen müssen; und zweitens, dass man das Wasser für das Wasserreservoir nicht so hoch zu pumpen nöthig hat. Auch bedarf man eines Brunnens nicht, wenn natürliches Gewässer vorhanden ist, wiewohl das Brunnenwasser zum Zweck des Abkühlens besser, als das Fluss- oder Seewasser im Sommer wäre.

Sollte man jedoch einen solchen Ort nicht haben, dann müssen die Oefen höher gebaut und der Anbau in die Erde mehr vertieft werden.

In der Mitte der Langseite des eigentlichen Destillationslocals wird eine zweiflügelige Thüre oder Pforte angebracht, von wenigstens sechs Fuss Breite. An den beiden Breitseiten desselben Locals sind in ansehnlicher Höhe lange, aber schmale Fenster, aus mehreren kleinen Scheiben zusammengesetzt, angebracht. Desgleichen in der Langseite an beiden Seiten des Anbaues, jedoch kleinere. Aus dem kalten Anbau führt an der Seite eine kleine Thür zu der warmen Abtheilung. Grade in der Mitte beider Längswände des warmen Anbaues befinden sich zwei gegenüberstehende, quadratische nicht zu kleine Fenster.

Die warme Abtheilung des Anbaues erhält dicke Bohlen zur Lage, damit sie den grossen Wasserbottich tragen können. Gedielt wird vom ganzen Local nur der Anbau.

Ofen zur trocknen Destillation des Holzes.

Nachdem ich nun die durch vielfache Erfahrung anerkannt bewährtesten Retorten für die trockne Destillation des Holzes beschrieben, gehe ich hier zur Beschreibung eines Ofens für die Holzdestillation über, der fast ganz nach Art des Reichenbach'schen Ofens construiert ist, und den ich von allen Oefen für unsern Zweck für den zur Zeit praktischsten erklären muss.

Es ist, wie schon erwähnt, dieser Ofen der des berühmten Chemikers, Prof. Reichenbach, nur dass er oben nicht offen ist und bei der Destillation mit einer Rasendecke bedeckt wird, sondern ein solides Gewölbe aus Steinen erhält. Ich halte sogar die Destillation in diesem Ofen für weit vortheilhafter als in Retorten, insofern als die Retorten bald durchbrennen und nur kleinere Quantitäten Holz mit einem Male verarbeiten lassen.

Fig. 3.

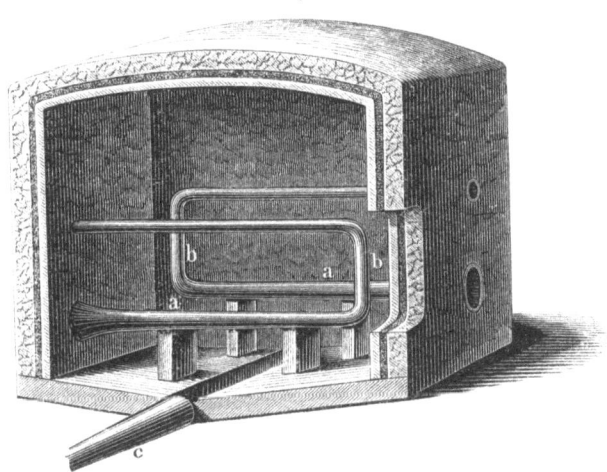

Der Ofen (Fig. 3.) bildet ein Quadrat, dessen Raum von einer doppelten Mauer umgeben wird. Die innere Mauer wird aus feuerfesten Steinen, Charmottsteinen, gefertigt. In Ermangelung dieser, d. h. wenn sie nur sehr schwer zu beschaffen sein sollten, kann man auch gewöhnliche gute Ziegelsteine anwenden. Die zweite oder äussere Mauer wird aus gewöhnlichen Ziegelsteinen oder selbst Feldsteinen gemacht und muss mindestens 1½ Fuss dick sein, besser zwei Fuss. Der Zwischenraum zwischen beiden Mauern ist etwa ein Fuss breit und wird mit Sand dicht ausgefüllt.

Der Ofenraum ist im Lichten zwölf bis fünfzehn Fuss lang, zwölf bis fünfzehn Fuss breit und zehn bis zwölf Fuss hoch. Enthält also Raum für über zwei Cubikklafter Holz. Oben erhält der Ofen eine Wölbung, welche die Decke bildet. Die Wölbung kann man, wenn man den Ofen nicht gar zu gross haben will, ziemlich niedrig machen, doch der Zweckmässigkeit oder grösseren Dauerhaftigkeit wegen ist es besser, wenn die Wölbung steiler gemacht wird.

Im Innern wird der Ofenraum von zwei hufeisenförmigen dicken gusseisernen Röhren (Fig. 3. *a. a.*) quer durchsetzt, und zwar werden die Röhren so angebracht, dass jede Röhre von den Wänden drei bis vier Fuss absteht, desgleichen auch von dem Grunde des Ofens, wo sie von drei bis vier Fuss hohen steinernen Pfeilern oder Stützen getragen werden. Der durch *b* bezeichnete Theil der Röhre muss drei bis vier Fuss hoch sein und der untere Schenkel der Röhre, d. h. derjenige Theil, welcher auf den Pfeilern ruht (*a*), besitzt beim Beginn des Laufs zwei Fuss fünf Zoll Durchmesser, behält vier Fuss tief diesen Durchmesser, verschmälert sich aber allmählich, bis er am Ende nur ein Fuss fünf Zoll erhält. Während der ganzen Tiefe des zwei Fuss fünf Zoll weiten Durchmessers ist, vier bis fünf Zoll von unten gerechnet, ein gusseiserner starker Rost angebracht. Dieser breitere Theil der Röhre bildet die Heizung, von wo aus die Flamme sich weiter durch die Röhre verbreitet und zuletzt als Rauch aus der Esse entweicht, in welche die Röhre mündet. Die Röhren werden so angebracht, dass die Heizungen an zwei entgegengesetzten Richtungen zu stehen kommen; es sind demnach denn auch zwei Essen erforderlich. Uebrigens kann man auch ganz ohne eine Esse auskommen.

Der Boden oder die Diele des Ofens wird an einer Seite rinnenförmig gemacht, d. h. von den Wänden geht der Boden immer mehr abschüssig und zwar ziemlich steil nach der Mitte zu, wo sich ein ausgemauerter, etwa acht Zoll breiter und fünf Zoll hoher Canal für den Abzug der Destillationsproducte nach aussen befindet. Der Canal mündet nach irgend einer Seite, und in seiner Oeffnung wird eine fünf Zoll breite, an einem Ende mit einem drei Zoll hohen Rande versehene gusseiserne Röhre (Fig. 3. *c*.) von fünf Fuss Länge eingemauert und zwar dergestalt, dass die Fläche der Rinne oder des Canals mit der Fläche der Röhre in einer Ebene liegt; auch muss die Röhre mit ihrem Rande so fest vermauert werden, dass ja keine Destillationsproducte zwischen der Röhre und dem Boden des Ofens durchdringen und entweichen können, was oft einen grossen Verlust mit sich bringen könnte. Das äussere Ende der Röhre mündet in ein Knie eines gusseisernen, sechs Fuss langen und zwei ein halb Fuss im Durchmesser haltenden Cylinders oder Recipienten, der ebenfalls wie der bei den Retorten beschriebene an den beiden Breitseiten etwa zehn Fuss lange und sechs Zoll im Durchmesser haltende Röhren nach den hier ebenso anzubringenden Kühlern entsendet, so wie auch unten eine Röhre mit einem Krahn enthält, die für das Ablassen der Destillationsproducte nach dem Reservoir dient. Dass die Destillationsproducte gleichfalls aus den Kühlern in Sammelbottiche entweichen, welche letztere auch mit Gasröhren versehen sind, ist selbstverständlich.

Manipulation mit diesen Oefen.

Zur Bedienung dieser Oefen genügen gleichfalls zwei Personen. Zuerst wird Füllholz in unmittelbare Nähe der Ofenöffnungen geschafft, sodann begiebt sich der eine von den Arbeitern in den Ofen, der andere reicht ihm durch die untere Oeffnung das Füllholz; zuerst dicke Scheite, und zwar aus ungespaltenem Grünholz zur Ueberbrückung des Canals, da sonst, würde man den Canal mit demselben trocknen dünnen Füllholze überbrücken, dieses Holz bei der raschen Verkohlung den Druck der Gesammtmenge des Holzes nicht aushalten und so der Canal von den Kohlen verschüttet werden würde, was zur Folge hätte, dass der grösste Theil der Destillationsproducte den Ofen nicht verlassen, sondern dort verbrennen würde.

Nach Ueberbrückung des Canals kommt das Füllholz an die Reihe. Dieses muss aber hier nicht wie bei den Retorten horizontal, sondern aufrecht in den Ofen gestellt werden, weil dadurch der Theer ohne Umwege längs der Faser aus dem Holze in den Canal fliessen kann. Mit dem Füllen des Ofens wird nun also immer weiter von unten nach oben fortgefahren. Sobald das untere Ofenloch mit dem Holz vermauert erscheint, wird das Füllholz dem im Ofen befindlichen Arbeiter durch das obere Ofenloch gereicht, aus welchem Loch dann auch der Arbeiter zuletzt hervorkommt. Die letzte Partie des Ofens, also oben bei der Wölbung, kann auch der Bequemlichkeit wegen horizontal ausgefüllt werden. Bei dem Füllen des Ofens ist gleichfalls, wie beim Füllen der Retorten, darauf Acht zu geben, dass möglichst wenig grosse Zwischenräume entstehen, welche man, wenn nicht anders, durch klein gehacktes Holz auszufüllen bestrebt sein muss. Nachdem nun der Ofen gefüllt worden, werden die Ofenlöcher mit Ziegeln fest vermauert. Besser ist freilich (der kürzeren Zeit halber), wenn man gusseiserne oder steinerne Platten vor die Löcher anlehnt und die Fugen derselben rund herum fest verschmiert und mit einer Ziegellage ummauert. Im Uebrigen ist die Manipulation mit diesem Ofen dieselbe, wie bei den Retorten.

Zum Abkühlen erfordert ein solcher Ofen im Winter zwei bis drei, im Sommer vier bis fünf Tage. Sollte es indess vorkommen, dass der Ofen selbst nach der angegebenen Zeit nicht abgekühlt ist und beim Oeffnen glühende Kohlen wahrgenommen würden, so müssen die Oeffnungen wieder luftdicht verschmiert werden, da sonst die Kohlen in Brand gerathen würden.

Um mit Vortheil operiren zu können, sind zwei solcher Oefen erforderlich, damit, bis der eine abkühlt, der andere im Gange sein kann.

Das Destillationslocal.

Das Destillationslocal wird für diesen Ofen ebenso eingerichtet, wie für die Retorten. Es besteht gleichfalls aus zwei Abtheilungen und muss geräumig sein, damit es mehrere Klafter Füllholz für zwei Destillationen fassen kann. Es bleibt also hier nichts weiter zu erwähnen übrig, weshalb der Leser auf den früheren Artikel, der darüber handelt, zu verweisen ist.

Retorten zur Destillation der Birkenrinde.

Horizontalretorten.

Zur Destillation der Birkenrinde kann man sich vortheilhaft nur schmiedeeiserner Gefässe bedienen. Dieselben dürfen aber keine cylindrische Form, wie die vorhergehenden zur Destillation des Holzes haben, sondern sie müssen viereckig sein, da die Birkenrinde in viereckigen Kasten bequemer eingepasst werden kann.

Die dazu dienenden Kasten sind aus mässig starkem Kesselblech verfertigt. Die Nietung muss natürlich sehr solid sein. Die Grösse der Kasten beträgt an Länge oder Tiefe vier bis sechs Fuss, an Höhe und Breite drei bis vier Fuss. Ein Fuss von oben befindet sich an der einen Breitseite ein etwa sieben Zoll im Durchmesser enthaltender zwei Fuss langer Schnabel angebracht, welcher aus der Ofenkammer hervorkommt und zur Aufnahme eines Knies, wie bei den Retorten zur Destillation des Holzes beschrieben, dient. Das Knie mündet hier gleichfalls, wie ebendaselbst beschrieben, in einen Recipienten (in einen Cylinder), aus dem drei Röhren kommen; eine von unten, welche die Destillationsproducte in ein Reservoir leitet, zwei von der Seite, welche in den Kühler, der hier ebenso, wie der in Fig. 2. abgebildete, einzurichten ist. Aus dem Kühler geht ein Knierohr in einen verdeckelten Bottich. Ueberhaupt ist die ganze Condensationseinrichtung und dergl. hier dieselbe, wie sie bei den Retorten zur trocknen Destillation des Holzes angegeben wurde.

Die Oefen für diese Kasten sind gleichfalls wie bei den vorigen Cylindern einzurichten. Es werden zwei Kasten durch eine Feuerung bedient. Was aber dort nicht so nothwendig, hier aber unumgänglich nöthig, ist das, dass die Thür mit Ziegeln eingemauert wird und die Flamme dieselbe berühren muss, da sonst die Theerdämpfe sich immer nach der Thür schlagen werden. (Vergl. im Capitel: „Horizontalretorten zur trocknen Destillation des Holzes".)

Manipulation mit diesen Apparaten.

Die Birkenrinde wird in diese Destillationsgefässe nicht einzeln eingelegt, sondern sie wird vor dem Einlegen zu Ballen von der Grösse der Kasten gepresst und gebunden, und sodann mit einem Male in den Kasten gebracht,

Die Birkenrinde befestigt man auf folgende Art zu Ballen: Auf einer Stellage werden zuerst drei Holzstangen (aus grünem Holze), welche die Länge der Kasten besitzen müssen, in einer Entfernung von der nicht ganzen Breite der Kasten ausgelegt. Sodann kommen auf diese beiden Stangen, an deren jedem Ende man eine dicke Schnur oder ein Strick angebunden hat, drei kürzere Stangen von der nicht ganzen Länge der Breite in gleichmässigen Abständen von einander aufgelegt. Jetzt kommt auf dieses Stangengeflecht eine halb- oder fussdicke Lage recht breiter und starker Birkenrinde. Auf diese kommt nun feinere Birkenrinde, bis man so hoch gestapelt hat, dass man glaubt, den Ballen von der doppelten Grösse (Höhe) des Kastens erreicht zu haben, sodann beginnt man wieder breite und dicke Birkenrinde zu legen, zugleich aber auch breitet man oben ebenso wie unten Stangen aus und fängt mit einem schweren Balken, der so angebracht wird, dass er sich wie ein Wagenbalken bewegen kann, zu pressen an, indem ein oder auch zwei Menschen sich auf den Balken setzen.

Ist die Birkenrinde so weit gepresst worden, dass der Ballen zu einem von der Grösse des Kastens zusammengeschrumpft ist, so werden die zwei oberen Längsstangen mit dem Stricke der unteren verbunden, so dass dadurch die Birkenrinde zu einem festen Klumpen zusammengehalten wird.

Der so hergestellte Ballen wird nun in den Kasten eingebracht und sodann die Stricke vorn von den oberen Stangen gelöst und durch Umwenden und etwas in die Höhe richten werden auch die Stangen von den Oesen der hinteren Schnüre losgemacht und auf diese Weise alle vier Längsstangen aus dem Kasten wieder entfernt, während die schnürlosen Querstangen als werthloses Holz in dem Kasten zurückbleiben und so mit der Birkenrinde zusammen verkohlen.

Die Destillation der Birkenrinde in diesen Kasten wird ebenso betrieben, wie die Destillation des Holzes in den Horizontalretorten, nur dass man das Feuer hier noch schwächer hält, so dass die Destillation etwa fünfzehn bis zwanzig Stunden dauert. Zur Abkühlung sind etwa zehn Stunden genügend, da man in die Kasten nicht einzukriechen braucht und die Birkenrindenkohle auch noch heiss mit einer eisernen Krücke ausgezogen und in den Ofen geworfen werden kann.

Mit Theer überzogene Kohlen werden nicht fortgeworfen, sondern zur Kienrussbereitung verwandt. Ebenso alle nicht vollständig verkohlte Birkenrinde bewahrt man zur nächsten Füllung auf.

Die bei der Destillation der Birkenrinde gewonnene Holzsäure ist zwar sehr schwach, indess giebt sie immerhin doch so viel essigsauren Kalk, dass ihre Verwerthung als lohnend erscheint, weshalb sie denn nicht fortzuwerfen ist. Die Holzsäure beim Birkentheer befindet sich stets unter demselben, da der Theer leichter als Wasser ist.

Verticalretorten.

Eine weit bessere Einrichtung als die vorhergehende, ist die nachstehende, welche einen continuirlichen Betrieb ohne Abkühlung des Ofens gestattet. Es ist dies dasselbe Verfahren, welches in Frankreich für die Destillation des Holzes angewandt wird, von uns aber, weil der Destillationsapparat ein verticaler sein muss, für die Destillation des Holzes aus im Capitel „Retorten zur trocknen Destillation des Holzes" angeführten Gründen verworfen wurde, hier aber bei der Destillation der Birkenrinde, da diese einen leicht flüchtigen Theer liefert, angelegentlichst zu empfehlen ist.

Aus der nachstehenden Abbildung (Fig. 4.) wird die ganze Einrichtung verständlich werden. *A* ist der Ofen aus feuerfesten Steinen gemauert und der an der Aussenseite (besser auch an der Innenseite) oben mit einem soliden eisernen Reif versehen wird. In diesen Ofen kommt das Destillationsgefäss *B*, ein Kasten aus starkem Eisenblech, der ausserdem auch nach der Länge und Quere noch mit eisernen Bändern versehen wird. Ein Paar Zoll vom oberen Rande befindet sich seitwärts ein Rohr oder ein Schnabel (*a*) etwa von fünf bis sechs Zoll im Durchmesser angebracht, zur Ableitung der Destillationsproducte.

Das Füllen des Kastens wird vor dem Einsetzen in den Ofen vorgenommen. Wenn er gefüllt ist, setzt man einen (hier nicht ab-

Fig. 4.

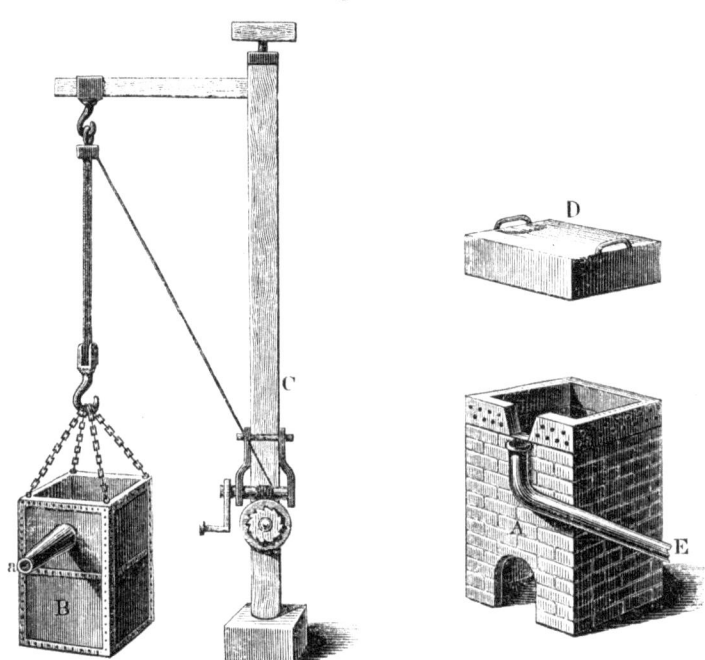

gebildeten) eisernen Deckel auf, der mit vier Schrauben und Keilen luftdicht befestigt und mit Lehm verschmiert wird, sodann hebt man den ganzen Kasten mittelst des Krahnes C (Fig. 4.) und setzt ihn in den Ofen. Nachdem dies geschehen, setzt man den gusseisernen Dorn D (Fig. 4.) auf den Ofen auf und bringt die Röhre E (Fig. 4) auf den Schnabel a, wodurch die Verbindung mit dem hier ebenso einzurichtenden Recipienten und Kühler hergestellt wird.

Nachdem man also den ganzen Apparat in Ordnung und auch das Verbindungsrohr lutirt hat, macht man im Ofen Feuer an, welches in den engen Zwischenräumen, zwischen den Wänden des Ofens und des Kastens, herumspielt, letzteren erhitzt und die Destillation bewirkt.

Das Feuer muss übrigens sehr mässig gehalten werden, da der Destillationsapparat bei dieser Einrichtung demselben direct unterworfen ist. Nach beendigter Destillation werden die Kasten gleichfalls vermittelst des Krahnes aus dem Ofen gehoben und sogleich wieder andere in Bereitschaft gehaltene fertig mit Birkenrinde gefüllte Kasten in die Oefen gethan.

Sobald die aus den Oefen herausgezogenen Kasten mit der abgetriebenen Birkenrinde erkaltet sind, was, da sie im Freien sich befinden, schon in fünf bis acht Stunden geschieht, werden sie entleert und wieder mit frischer Rinde gefüllt.

Die Vortheile dieser Einrichtung springen hier zu sehr in die Augen, als dass wir noch besonders auf dieselben aufmerksam zu machen hätten.

Ein Fabrikant, welcher sein Hauptaugenmerk auf die Erzeugung der Holzsäure gerichtet hat, und in Folge dessen Laubhölzer zur Destillation anwendet, welche überdies nur wenig und ziemlich flüchtigen Theer liefern, könnte sich dieser Apparate gleichfalls bedienen, zu welchem Zwecke man aber den Destillationsgefässen sodann besser eine cylindrische Form giebt.

Das Destillationslocal.

Das Destillationslocal ist hier ebenso einzurichten, wie für die Retorten zur Holzdestillation, nur dass es, da hier kein Holz zu trocknen erforderlich ist, nicht so geräumig zu sein braucht.

Zweiter Abschnitt.

Verarbeitung der Holzsäure auf Essigsäure und essigsaure Salze und Darstellung des Holzgeistes.

Das wichtigste Product der trocknen Destillation des Holzes dürfte fast in allen Gegenden die Holzsäure ausmachen, denn diese liefert zahlreiche Producte, welche alle in der Industrie eine grosse Verwendung finden. Eine Fabrik, die sich mit der trocknen Destillation des Holzes befasst, wird daher stets, wenn sie einen höheren Gewinn erzielen will, die Holzsäure nicht als Rohproduct verkaufen, sondern diese auf andere Stoffe verarbeiten.

Die Holzsäure liefert uns ausser reiner Essigsäure eine grosse Menge essigsaurer Salze. Die Verwendung der Essigsäure dürfte als bekannt vorausgesetzt werden; sie wird nicht blos zu technischen Zwecken angewandt, sondern sie wird auch vielfach in verdünntem Zustande als Tafelessig gebraucht, oder dient wenigstens zur Verstärkung des Getreideessigs u. s. w. Die essigsauren Salze finden hauptsächlich in den Färbereien und Kattundruckereien Verwendung, und viele von ihnen dienen auch als Malerfarben.

Die technisch wichtigsten derselben sind: Essigsaures Blei (Bleizucker), essigsaures Eisen, essigsaures Kali, essigsaurer Kalk, essigsaures Kupfer (Grünspan), essigsaures Mangan, essigsaures Natron, essigsaure Thonerde (Rothbeize), essigsaures Zinn und essigsaures Zink.

Die allgemeine Eigenschaft der essigsauren Salze ist, dass sie sich beim Glühen unter Bildung von viel Aceton zersetzen. Also einer trocknen Destillation unterworfen dieses Product liefern. Mit Kalihydrat geglüht geben sie Methylwasserstoff und kohlensaures Kali, mit arseniger Säure innig gemengt und der trocknen Destillation unterworfen, Kokodyloxyd. Durch stärkere Säure als die Essigsäure, also mineralische Säure, wie Schwefel-, Salz- und Salpetersäure, wird die

42 II. Verarbeitung der Holzsäure auf Essigsäure und essigsaure Salze.

Essigsäure aus diesen Salzen ausgetrieben, und mit Alcohol und diesen Säuren erwärmt liefern sie Essigäther.

Von allen diesen angeführten essigsauren Producten ist für den Fabrikanten der essigsaure Kalk das wichtigste, da derselbe nicht blos an und für sich verkauft, einen Handelsartikel ausmacht, sondern weil dieser Körper dem Fabrikanten zur Darstellung fast aller übrigen hier erwähnten Producte dient. Wir wollen daher dieses Kapitel mit seiner Darstellung beginnen.

Im Handel werden zwei Sorten des essigsauren Kalkes unterschieden: brauner essigsaurer Kalk und grauer essigsaurer Kalk. Der erstere bildet eine geringere Sorte und wird selten bereitet, da man aus ihm ohne weiteres keine schönen Producte erhalten kann, weil er zu viel Brandharze enthält.

Essigsaurer Kalk.
CaO, AcO^3.

Essigsaure Kalkerde, essigsaures Calciumoxyd. — *Calcaria acetica, Calcium oxydatum aceticum* der Pharmaceuten und Aerzte. — Französisch: *Acétate de chaux, Chaux acétique, Acétate calcaire*. — Englisch: *Acetate of lime*. — Italienisch: *Calce acetosa*.

	Atomgewicht.	Procentgehalt.
1 Aeq. Kalk	28.	35,4.
1 „ Essigsäure	51.	64,6.
1 Aeq. Essigsauer Kalk . . .	79.	100,0.

Dieses wichtige Salz der Essigsäure stellt man durch Sättigen der Essigsäure mit kohlensaurem Kalk oder Kalkhydrat und Verdampfen der Flüssigkeit bis zur Crystallisation dar.

Das Salz crystallisirt in vollkommen gereinigtem Zustande in weissen, seidenartigen, nadelförmigen Crystallen. Es ist in Wasser und Alcohol löslich, verwittert bei einer Temperatur von 100^0 C. Bei 108^0 C. phosphorescirt es im Dunkeln. Einer Temperatur von über 250^0 C. ausgesetzt, lässt es die Essigsäure verflüchtigen und verwandelt sich in kohlensauren Kalk; mit glühendem Feuer in Berührung gebracht, verbrennt es wie Zunder. Der Geschmack des Salzes ist bitter, etwas zusammenziehend.

Die Anwendung des essigsauren Kalkes ist schon vorhin angegeben worden. Er bildet das wichtigste Salz der Essigsäure und dient zur Darstellung der letzteren im concentrirten Zustande, zur Darstellung anderer essigsaurer Salze u. s. w.

Darstellung des essigsauren Kalkes.

Die Darstellung des essigsauren Kalkes zerfällt in drei sehr einfache Operationen:
1) in das Neutralisiren der Holzsäure,
2) in das Eindampfen der essigsauren Kalklauge bis zur Bildung des Salzes, und
3) in das Rösten des Salzes.

Bevor aber zu der ersten Operation, der Neutralisation der Holzsäure, geschritten wird, muss zu allererst darauf geachtet werden, dass die Holzsäure möglichst rein von Theer, d. h. soweit dies zunächst auf mechanische Weise erlangt werden kann, gemacht wird. Man muss also eine Holzsäure verwenden, die sich vollständig von dem Oele und dem Theere abgeschieden hat. Dies erzielt man durch Filtration über Sand oder besser gröblich gestossene Holzkohle. Uebrigens kommt es noch darauf an, was für einen essigsauren Kalk man darzustellen beabsichtigt. Will man braunen essigsauren Kalk fabriciren, so genügt die Reinigung des Holzessigs auf blosse mechanische Weise. Soll dagegen der graue essigsaure Kalk bereitet werden, dann muss der Holzessig ausserdem noch einer Destillation unterworfen werden, wodurch er des grössten Theils seiner harzigen Stoffe beraubt wird, indem diese in der Blase zurückbleiben.

Demnach würde also die Bereitung des essigsauren Kalkes in fünf Operationen zerfallen. Wir wollen also hier die Operationen der Reihe nach beschreiben und zugleich auch die dazu nöthigen Apparate angeben.

Reinigung des Holzessigs auf kaltem Wege, und Beschreibung des dazu erforderlichen Apparates.

Der Apparat zum Filtriren des Holzessigs (Fig. 5.) besteht aus einem Bottich (Fig. 5. *A.*), der aus einem beliebigen Holze gemacht wird und etwa drei oder fünf Zoll über dem gewöhnlichen unteren Boden einen durchlöcherten Boden (*a*) besitzt, welcher auf einem Kreuze (Fig. 5. *z.*) ruht, und auf welchen Boden man zuerst eine dünne Lage Stroh ausbreitet und dann so viel gröblich gestossene Holzkohle aufdrückt, dass der Bottich mit derselben beinahe ganz angefüllt ist. Ueber diese Kohlen kommt nun noch ein, wie der zweite Boden, ebenfalls durchlöcherter Deckel (Fig. 5. *b.*). Unten dicht über den eigentlichen Boden wird ein Loch gebohrt, in welches

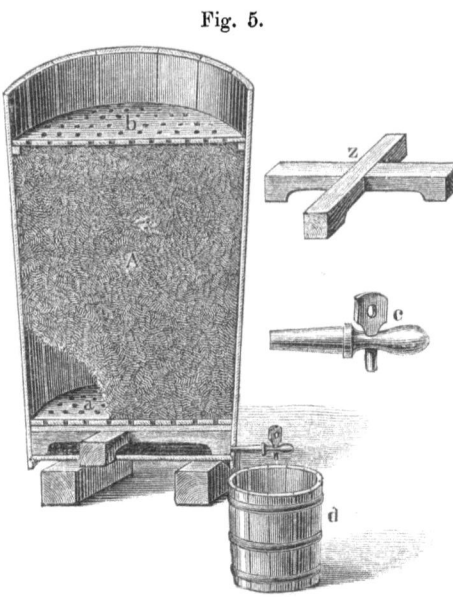

Fig. 5.

man eine gebogene zinnerne Röhre oder einen Hahn (Fig. 5. *c*.) oder eine Pippe einsetzt, durch welche die durchfiltrirte Flüssigkeit in ein untergesetztes Gefäss (Fig. 5. *d*.) fliesst. Die Löcher der Böden dürfen nicht über $1\frac{1}{2}$ Linien Durchmesser besitzen. Die Grösse der Bottiche richtet sich nach dem Betriebe der Fabrik. Ein Bottich von acht Fuss Höhe und vier Fuss Durchmesser dürfte für alle Fälle seinen Zweck genügend erfüllen. Es ist zweckmässiger, zwei solcher Bottiche zu haben, als nur einen grösseren.

Das Filtriren der Holzsäure geschieht nun auf folgende sehr einfache Art. Aus einem Fass, welches rohen Holzessig enthält, wird dieser mit einer Handpumpe in den Filtrirbottich gepumpt, und zwar so, dass die ausströmende Flüssigkeit auf die Mitte des durchlöcherten Deckels (Fig. 5. *b*.) gelangt und sich über den ganzen Deckel ausbreitet. Auf diese Weise sickert die Holzsäure gleichmässig durch die Kohlen hindurch und kommt gereinigt aus dem gebogenen Rohre oder dem Krahne (*c*) heraus.

Reinigung des Holzessigs durch Destillation und Beschreibung des Destillirapparates dazu.

Der Destillirapparat (Fig. 6.) besteht aus einer gewöhnlichen, unten etwas convexen Blase (Fig. 6. *A*.) mit Helm, die aus Kupfer oder Gusseisen, aber nicht Schmiedeeisen sein kann. Der Helm, welcher in jedem Falle, auch wenn die Blase eine gusseiserne sein sollte, aus Kupferblech gemacht werden muss — da ein gusseiserner Helm zu schwer werden würde — läuft, je nach der Grösse des Kessels, in eine mehr oder weniger lange Röhre, Schnauze (Fig. 5. *a*.), aus, an welche die oberste Röhre des Kühlers angesetzt wird.

Fig. 6.

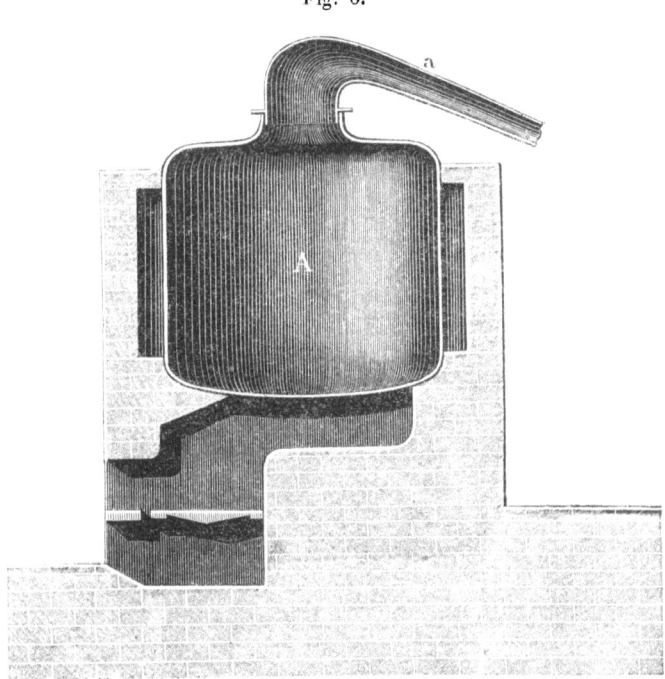

Der Kühler besteht aus einem elliptischen hölzernen oder auch aus Metallblech (Zinkblech) gemachten Geschirr, durch welches fünf Röhren aus Kupfer hindurchgehen, die aussen mit einander durch Kniee verbunden werden (Fig. 2.). Die erste oder oberste Röhre, welche mit der Schnauze oder dem Auslauf des Helmes verbunden wird und in denselben etwa zwei bis drei Zoll tief eingreift, muss länger und im Durchmesser etwas breiter gemacht werden, als die mit den Knieen verbundenen Röhren. Ebenso ist die letzte, die unterste Röhre, aus welcher die Destillationsproducte herauslaufen, länger, aber schmäler zu machen; dagegen die mittleren Röhren, welche durch die Kniee mit einander verbunden werden, sind von gleicher Länge und gleichem Durchmesser zu fertigen. Im Allgemeinen ist es jedoch besser, wenn die erste Röhre des Kühlers nicht direct in die Schnauze des Helmes hineingebracht wird, sondern diese beiden Theile durch eine längere Verbindungsröhre in einander gefügt werden. (Siehe Fig. 19.).

Eine Blase, die etwa 25 Centner Holzessig in sich fasst, würde die richtige Grösse besitzen.

Die Röhren des Kühlfasses für eine solche Blase müssten sodann fünf bis sechs Fuss lang sein und einen Durchmesser von vier Zoll haben. Die erste und letzte Röhre würde dann entsprechend länger und entsprechend breiter (die erste) oder schmäler (die letzte) zu machen sein. An die unterste Röhre wird dann nun noch eine kleine nach unten gebogene Röhre (Fig. 2. *d.*) angesetzt, damit die ausfliessende Flüssigkeit sicherer in's untergestellte Gefäss gelangt. Die ganze Einrichtung des Kühlers ist überhaupt dieselbe, wie sie bei den Retorten zur trocknen Destillation des Holzes beschrieben wurde, daher man das Weitere daselbst nachzulesen und auch die dort beigegebene Abbildung zu vergleichen hat.

Ueber dem Kühler wird ein niedriger grosser Bottich angebracht, der stets Wasser enthalten muss, damit aus diesem Wasserreservoir Wasser zum Kühlen in das Kühlgefäss abgelassen werden kann.

Für eine einigermassen flotte Fabrik ist es erforderlich, dass man mindestens zwei solche Blasen sich anschafft. Es wäre demnach dann auch die Massregel zu treffen, dass man dem Verhältnisse nach das Wasserreservoir vergrössert und so hinstellt, dass beide Kühler aus einem gespeist werden könnten.

Das Verfahren bei der Destillation ist nun folgendes: Sobald die Blase bis zu drei Viertheilen ihres Raumes mit dem anfangs durch Filtration gereinigtem Holzessig gefüllt worden ist, wird unter dem Kessel sogleich ein flottes Feuer angemacht. Erst nachdem dies geschehen, schreitet man zur Schliessung der Blasenöffnung. Der Helm wird an seinen Rändern mit Kitt, der aus zwei Theilen ordinärem Mehl und ein Theil Kalk oder Kreide besteht, beschmiert und auf die Blasenöffnung fest aufgesetzt, und sodann auch das Verbindungsrohr mit dem Kühler verbunden. Ferner wird der durch das Aufdrücken des Helms aus den Fugen hervorgekommene Kitt rund herum glatt abgestreift und alle aufgesetzten Knieröhren mit demselben Kitt lutirt.

Sobald die Destillation in den Gang gekommen ist, muss man aufmerksam darauf achten, dass nirgends aus den Fugen Dämpfe entweichen. Sollte an einer oder der anderen Stelle der Fugen sich eine Oeffnung gebildet haben, so muss diese sogleich wieder mit Kitt verschmiert werden. Insbesondere auch muss man darauf hin sein Augenmerk richten, dass die Röhren des Kühlfasses stets kalt sind, damit sich ja alle Dämpfe condensiren.

Das Feuer wird stets gemässigt gehalten, so dass die Flüssigkeit in einem strickadeldicken Faden herabfliesst.

Der zuerst übergehende Theil des Destillats, etwa 10^0, wird für sich aufgefangen, da er die flüchtigen alcoholigen Theile (Holzgeist) enthält (vergleiche unter Holzsäure), und zum weiteren Gebrauch in gut schliessenden eichenen oder buchenen Fässern aufbewahrt. Alle Flüssigkeit, die nun jetzt übergeht, kommt in einen grossen, hölzernen Bottich, den Neutralisirbottich (Fig. 7.). Die Destillation wird nun so lange fortgesetzt, bis noch Holzessig in einem etwa fadendicken Strahle übergeht. Sollte er zu Ende nur tropfenweise und gar mit empyreumatischem Oele unter Gasentwickelung kommen, so ist das ein Zeichen, dass in der Blase von demselben nur noch eine Kleinigkeit vorhanden ist, und die Destillation muss als beendet betrachtet und daher das Feuer ausgelöscht werden. Ueberhaupt darf man es bis zur Gasentwickelung gar nicht kommen lassen, denn in diesem Falle würde der Rückstand, welcher aus Brandharzen, dem sogenannten Holzessigtheer besteht, die flüssige Form verlieren und aus der Blase sich nur schwer entfernen lassen.

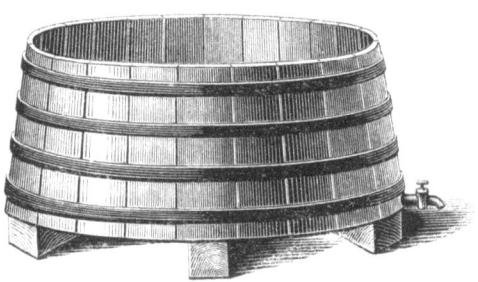

Fig. 7.

Einige Stunden nach der Destillation kann man den Helm von der Blase abnehmen, damit der Kessel schneller abkühlt. Sobald nun die Blase einigermassen abgekühlt ist, wird der Rückstand, das Brandharz, ausgeschöpft. Wenn der grösste Theil des Harzes entfernt ist, muss der Arbeiter in die Blase kriechen und die letzten Reste aus derselben entfernen. Natürlich braucht man nicht den Kessel ganz und gar zu reinigen, gleichsam blank zu putzen.

Ist die Blase gereinigt worden, so beginnt die Arbeit von Neuem. Das gewonnene Brandharz wird zur weiteren Verwendung (vergl. Destillation des Theeres) in Fässern aufbewahrt.

Neutralisation des Holzessigs.

Die Neutralisation des Essigs geschieht in einem hölzernen Bottiche (Fig. 7.), und zwar in demselben, in welchem die überdestillirte Holzsäure gesammelt wird. Es sind aber, um ohne Unterbrechung arbeiten zu können, zwei Bottiche erforderlich. Nämlich zwei, worin die überdestillirte Holzsäure eingesammelt und in deren jedem abwechselnd die Säure neutralisirt wird. Die Grösse der Bottiche muss sich natürlich nach dem Umfange der Fabrik richten. Die geeignetste Grösse dieser Gefässe wäre die, welche 100 Centner Säure fasst. Ein jeder solcher Bottiche würde das Product der jedesmaligen Destillation der oben beschriebenen zwei Blasen fassen können, ohne dabei sehr gefüllt zu werden.

Sobald einer von diesen Bottichen mit Holzessig zu drei Viertheilen allmählig gefüllt ist, schreitet man zur Neutralisation derselben.

An der Luft zu Pulver zerfallener Kalk wird in kleinen Portionen unter beständigem Umrühren in kleinen Zwischenräumen in die Säure gethan, und zwar so lange, bis die Säure vollständig neutralisirt erscheint. Um sich von der vollständigen Neutralisation zu überzeugen, gebraucht man blaues Lackmuspapier. So lange die Streifen dieses Papieres, in die Flüssigkeit getaucht, noch roth oder violett erscheinen, deutet dies darauf hin, dass die Flüssigkeit noch freie Säure enthält; bleibt dagegen das Papier unverändert, blau, so ist alle Säure an den Kalk gebunden, neutralisirt. Bei der Neutralisation muss man darauf achten, dass man keinen oder doch keinen zu grossen Ueberschuss von Kalk anwendet, da dieser, wenn er auch gerade nichts schadet, doch den Bodensatz vermehrt. Während des Sättigens der Säure mit Kalk scheiden sich auf der Oberfläche der Flüssigkeit mehr oder weniger Unreinigkeiten ab, bestehend aus harzigen Körpern, die der Kalk aus der Holzsäure ausscheidet.

Diese Unreinigkeiten müssen nun sorgfältig mit einer Kelle abgeschöpft werden.

Nach Beendigung der Neutralisation lässt man die Flüssigkeit einige Zeit abstehen, damit sich der etwa überschüssige Kalk — die im Kalk enthaltenen Unreinigkeiten, Sand u. dergl. — sowie Unreinigkeiten der Holzsäure, die sich nicht alle auf der Oberfläche gezeigt haben, absetzen.

Nach dem Abstehen der Flüssigkeit schreitet man zur Decantation derselben. Diese bewerkstelligt man entweder vermittelst eines kupfernen Hebers oder dadurch, dass man im Bottich an verschiedenen Stellen (in verschiedenen Höhen) Krähne angebracht hat, durch welche man die klare Flüssigkeit abzapft oder ablässt. Die letztere Weise möchte ich der ersteren vorziehen, da man den Heber sehr häufig etwas zu tief hineinbringt und auf diese Art auch von der trüben Flüssigkeit mit erhält, was zu vermeiden ist.

Sobald die Flüssigkeit decantirt ist, bringt man den abgelagerten Satz sammt dem Rest der etwa noch nicht ganz klaren Flüssigkeit in einen Filtrirbottich. Derselbe wird ganz so eingerichtet, wie das sogenannte Filtrirfass zum Filtriren der unreinen Holzsäure, kann auch dieselbe Grösse besitzen, nur hat der durchlöcherte Deckel hier wegzufallen. In diesen Filtrirbottich werden die Bodensätze aus mehreren Perioden angesammelt und nach und nach aus demselben die durchfiltrirte Flüssigkeit abgezapft und in die Abdampfpfanne gegeben.

Diese Bodensätze besitzen eine ausgezeichnet schöne braune Farbe und können, falls der zur Neutralisation der Holzsäure angewandte Kalk sandfrei war, getrocknet sehr gut als braunes Pigment, z. B. statt Umbra, benutzt werden.

Eindampfen der essigsauren Kalkflüssigkeit.

Das Eindampfen der mit Kalk neutralisirten Holzsäure geschieht am besten in Pfannen und nicht in Kesseln, da erstere eine grössere Fläche besitzen und daher das Verdampfen beschleunigen.

Das Abdampfen wird nun entweder durch freies Feuer oder vermittelst Dampf bewerkstelligt. Die kleineren Fabriken bedienen sich gewöhnlich des ersteren Verfahrens, während die grossen das letztere anwenden, welches auch ein besseres Product liefert.

Will man das Abdampfen über freiem Feuer vornehmen, so bedient man sich schmiedeeiserner Abdampf- und Vorsiede- oder Vorwärmepfannen. Dieselben müssen der grösseren Dauerhaftigkeit wegen aus Dampfkesselblech gemacht werden und gut genietet sein. Die passendste Grösse für eine Abdampfpfanne wäre: Länge zehn, Breite fünf und Höhe oder Tiefe zwei Fuss. Für die Vorwärmepfanne: Länge drei, Breite wie bei der Abdampfpfanne fünf und Höhe drei Fuss. Die Pfannen werden derart in den Ofen eingemauert, dass sich in der Mitte (Fig. 8. *A*.) die Abdampfpfanne und an den beiden Seiten (Fig. 8. *B. B.*) die Vorwärmepfannen befinden. Das Feuer wird unter jeder der Vorwärmepfannen gemacht und bewegt sich von hier unter der Abdampfpfanne abwechselnd im Zickzack aus der Rechten nach der Linken und aus der Linken nach der Rechten (Fig. 8. mit Pfeilen angedeutet).

Die Vorwärmepfannen werden derart eingemauert, dass ihr Boden mit der Oberfläche der Abdampfpfanne in gleicher Ebene zu liegen kommt, und damit man in die Letztere die Flüssigkeit leicht einlassen kann, wird an dieselbe ein messingener Hahn angebracht.

Fig. 8.

Wenn alle drei Pfannen mit Flüssigkeit gefüllt sind, wird unter dieselben angeheizt und in der ersten Zeit ein flottes Feuer unterhalten. Nach dem Maasse des Verdunstens der in der Abdampfpfanne befindlichen Flüssigkeit wird aus der Vorwärmepfanne durch einen Hahn Flüssigkeit nachgelassen, und zwar damit so lange fortgefahren, bis die Abdampfpfanne etwa 100 Centner Flüssigkeit in sich aufgenommen hat. Ebenso wie man die verdunstete Flüssigkeit in der Abdampfpfanne aus den Vorwärmepfannen ersetzt, müssen auch diese ihren abgegebenen Inhalt wieder ersetzt erhalten und zwar aus den Reservoiren oder Bottichen, welche die essigsaure Kalkflüssigkeit enthalten.

Um das Abdampfen zu begünstigen, wird die Flüssigkeit in den Abdampfpfannen recht häufig mit einem hölzernen schaufelförmigen Rührer gerührt. In den meisten Fällen sammelt sich nach dem Aufkochen auf der Oberfläche der Flüssigkeit mit dem Schaume eine grössere oder kleinere Quantität von Unreinigkeiten, die man mit einer fein durchlöcherten eisernen Kelle abschöpft; die reine Flüssigkeit fliesst dabei durch die Löcher der Kelle zurück, während der Schmutz in der Kelle bleibt und fortgeworfen wird. Sobald sich auf der Oberfläche eine Salzhaut zu bilden anfängt, hört man mit dem Abschöpfen des Schmutzes auf, welcher übrigens nur in den seltensten Fällen bis zu dieser Periode noch vorkommen wird. Gleichzeitig mässigt man jetzt auch das Feuer und erhält die Flüssigkeit in schwachem, aber stetem Sieden. Ein zu starkes Sieden, ein förmliches Wallen, muss man durchaus zu vermeiden suchen, denn wenn man auch allgemein annimmt, dass beim Abdampfen nur das Wasser fortfliegt, so ist doch auch nicht zu leugnen, dass beim starken Sieden auch viele Salztheile verloren gehen, indem viele derselben gleichsam mechanisch mit den aufsteigenden Wasserdämpfen fortgerissen werden. Bald nach der Bildung der Salzhaut pflegt auch schon aus der Flüssigkeit das Salz zu crystallisiren. Sobald sich die Crystalle in ansehnlicher Menge gebildet haben, beginnt man dieselben mit einer viereckigen, von drei Seiten geschlossenen und mit vielen erbsengrossen Löchern versehenen, aus nicht zu schwachem Eisenblech gemachten Schaufel aus der Flüssigkeit herauszuschöpfen, wodurch die Crystalle in der Schaufel zurückbleiben, während die - Mutterlauge durch die Löcher wieder in die Pfanne fliesst. Die Crystalle werden nun in über der Abdampfpfanne am Leisten ruhende Körbe aus Weidenruthen gethan, aus welchen nun die noch vorhandene Mutterlauge abfliesst. Bei fortschreitendem Abdampfen erstarrt die ganze Flüssigkeit zu einem Crystallbrei. Wenn dieser Zeitpunkt eingetreten ist, muss das Feuer bedeutend gemässigt gehalten und der Brei, damit aus demselben die Dämpfe schneller entweichen, fortwährend gerührt werden.

Bei dem Abdampfverfahren vermittelst Dampf fällt der Ofen natürlich weg. Auch bedient man sich keiner eiserner, sondern hölzerner mit Blei ausgelegter Gefässe, die terrassenförmig aufgestellt werden und durch welche bleierne Dampfröhren schlangenartig zwei bis dreimal von einem Ende der Gefässe zum andern durchziehen. (Siehe Fig. 9.).

Diese Gefässe erhalten eine viereckige Form und ihre beste Grösse ist zwanzig Fuss Länge, vier Fuss Breite und neun bis zehn Zoll Tiefe. Sie werden aus $1\frac{1}{2}$ Linien starken Bleiplatten durch Aneinanderlöthen zusammengefügt und mit Brettern umgeben. Die sie durchziehenden Dampfröhren (Fig. 9. *a. a. a.*) haben einen Durchmesser von $\frac{3}{4}$ Zoll und berühren den Boden. Man schaffe sich drei solcher Bleipfannen an, die, wie schon erwähnt, terrassenförmig aufgestellt werden, also so, dass man aus der einen in die andere Pfanne die Flüssigkeit bequem durch einen Krahn ablassen kann. Mehr als drei über einander stehende Pfannen sind nicht erforderlich.

Die Operation mit diesen Apparaten ist eine viel einfachere, als diejenige mit den früher beschriebenen, indem hier von dem Anbrennen des Salzes und dergl. keine Rede sein und man daher auch das fortwährende Rühren der Flüssigkeit unterlassen kann. Die abzudampfende Flüssigkeit kommt anfangs in die oberste Pfanne (Fig. 9. *A.*)

Fig. 9.

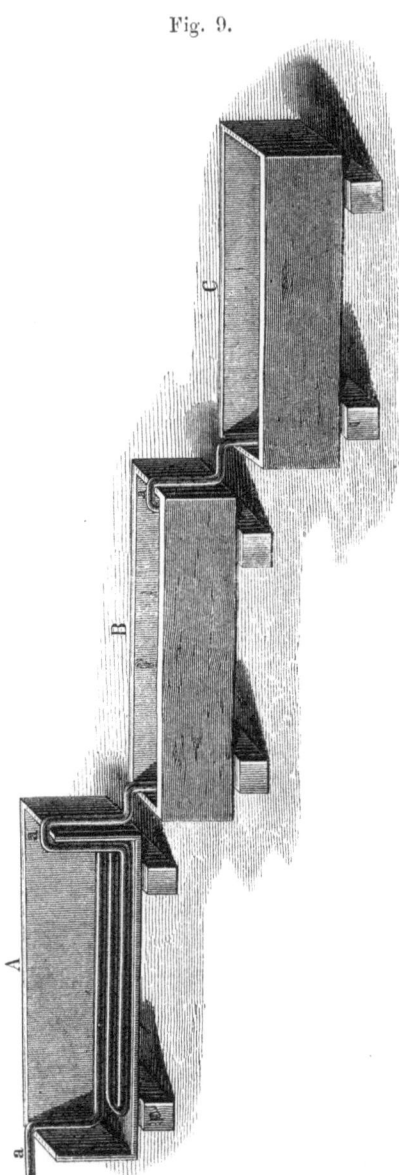

und bleibt darin so lange, bis sie concentrirter wird, bis etwa ein Drittheil derselben verdunstet ist, sodann wird sie in die zweite Pfanne (Fig. 9. *B.*) und aus dieser bei weiterer Concentration in die dritte (Fig. 9.*C.*) abgelassen, während die erste Pfanne mit frischer Flüssigkeit angefüllt wird. In der dritten, der untersten Pfanne, geht die Bildung des Salzes vor sich. Nachdem sich eine ansehnliche Quantität desselben angesammelt hat, wird es auf dieselbe Weise, wie schon früher beim Verdampfen über freiem Feuer angegeben, aber vorsichtig, damit man die bleiernen Röhren nicht verletzt, ausgeschöpft und gleichfalls in über der Pfanne sich befindliche Körbe gebracht. Nach einiger Zeit setzt sich an den Röhren Brandharz ab, welches diese sogar vollkommen überzieht und dadurch der Wärmeübertragung auf die Flüssigkeit ziemlich hinderlich wird. Man muss daher die Röhren von Zeit zu Zeit von diesem Harz befreien, indem man es mit stumpfen Messern abkratzt und mit Aetzkalk oder Asche abreibt und zuletzt mit Wasser abspült.

Das Abdampfen vermittelst Dampf ist jedem Fabrikanten auf das Angelegentlichste zu empfehlen; denn es ist das beste Verfahren. Nicht blos deshalb, weil es das beste Product liefert, sondern weil es auch weniger Aufmerksamkeit von Seiten des Arbeiters, ferner weniger Brennmaterial erfordert und auch verhältnissmässig schneller von statten geht. Eine einigermassen grössere Fabrik, namentlich eine solche, die auch den Theer auf feinere Producte verarbeitet, kann ja ohne einen Dampfkessel unmöglich mit Vortheil arbeiten. Ist aber einmal ein Dampfkessel vorhanden, so kann man ja seinen Dampf zu Allem verwenden.

Das Rösten des essigsauren Kalkes.

Das Rösten des essigsauren Kalkes geschieht einestheils, um ihm die Feuchtigkeit, das Wasser, zu entziehen, anderntheils, und zwar vorzüglich, um die harzigen Theile und das empyreumatische Oel, welche Stoffe ihm stets anhängen, auch selbst, wenn die Holzsäure mehrmals rectificirt worden wäre, zu verflüchtigen, zu verkohlen.

Dieses Rösten erfordert aber eine grosse Aufmerksamkeit, da häufig, bei unrichtig regulirter Temperatur, wenn dieselbe zu hoch gesteigert wird, das ganze Salz verloren gehen kann, indem nicht blos die harzigen Theile zersetzt werden, sich verflüchtigen, auf welche es ja grade abgesehen wird, sondern auch der ganze Essigsäuregehalt verfliegen kann, und man in solchem Falle nur kohlensauren Kalk erhalten würde. Andernfalls wieder bei zu niedrig geleiteter Temperatur würde man die harzigen Bestandtheile u. s. w. nicht zersetzen können und daher ein schlechtes Product gewinnen.

Um nun den essigsauren Kalk gut rösten zu können, ihn also sowohl von harzigen Theilen u. s. w. zu befreien, als auch zugleich vor Zersetzung zu bewahren, muss man einen guten Röstofen wählen. Als besten Röstofen kann ich den folgenden empfehlen, welchen ich selbst construirt und angewandt habe.

Der Trockenapparat bildet einen Ofen, dessen Herd ähnlich, wie bei dem Ofen zum Abdampfen der essigsauren Kalkflüssigkeit beschrieben wurde, einzurichten ist. Es wird ein zwölf Fuss langer und vier Fuss breiter Herd hergestellt, welcher von einer ebenso grossen, halbzoll starken, gusseisernen Platte bedeckt wird. Rund um die Platte wird der Ofen zwölf Zoll hoch aufgeführt und durch die Mitte der Breitseite des Ofens wird eine ebenso hohe Ziegelwand errichtet, wodurch also die Platte in zwei gleiche Theile abgetheilt erscheint. Auf diese rund um die Platte errichteten Wände kommen nun drei starke eiserne Stäbe zu liegen, welche durch die Längsseite der Platte gehen und in gleichen Abständen von einander anzubringen sind. Da übrigens durch die Mitte der Platte eine Wand geht, so kann man anstatt der drei Stäbe von der ganzen Länge, sechs von der halben Länge anwenden. Die Ofenmauer wird nun rund herum weiter, aber nur um zehn Zoll aufgeführt, wodurch denn auch jene Stäbe fest eingemauert werden. Selbstverständlich wird dann auch die Wand in der Mitte der Platte um dasselbe Maass erhöht. Nach dem weiteren, zweitmaligen, Aufführen einer zehnzölligen Mauer kommen nun abermals drei oder sechs eiserne Stäbe. Nach diesen findet nun eine drittmalige Fortführung der Wand um zehn Zoll und wiederum Legung der Stäbe statt. Es kommt nun nach diesen Stäben eine letzte Lage, eine ebenfalls zehnzöllige Erhöhung der Mauer; die Stäbe fallen aber nun weg. Anstatt dieser wird eine gusseiserne Platte, von der Grösse der ersteren, aber nur $\frac{1}{4}$ Zoll dick angebracht. Diese Platte bildet nun die Decke des Trockenofens, über welche übrigens das Feuer oder die heisse Luft, ehe sie in die Esse zieht, hinwegstreicht. Es wird daher auf dieser Platte ein förmlicher zweiter Herd eingerichtet, über den nun auch eine dritte, eben solche, gusseiserne, $\frac{1}{4}$ Zoll dicke Platte zu stehen kommt. Rund um diese dritte Platte wird nun die Wand noch etwa sechs Zoll hoch aufgeführt, sodann kommt über die Platte ein Gewölbe, über welches das Feuer noch zu streichen hat und dann erst in die hinten befindliche Esse gelangt.

Dieser Trockenapparat erhält die nöthige Hitze aus zwei an den Seiten der Platte anzubringenden Heizungen. Das Feuer der linken Heizung geht nach Rechts längs der ganzen Platte durch zwei Züge; das der rechten Heizung nach Links. Aus beiden Heizungen steigt es dann hinauf und geht längs der beiden Breitseiten zu der zweiten und dritten Platte (zu dem zweiten Herde), beschreibt hier dieselbe Richtung wie in der unteren Platte und geht jetzt in Zügen über das schon erwähnte Gewölbe und dann in die Esse.

Auf die drei Reihen eiserner Stäbe kommen nun schmiedeeiserne Pfannen zu stehen, welche mit dem frischen essigsauren Kalke gefüllt werden. Gleichfalls auch auf die oberste Platte in das Gewölbe.

Die Pfannen werden aus mässig dickem Eisenblech gemacht; ihre Länge beträgt drei Fuss acht bis drei Fuss neun Zoll, die Breite drei Fuss und die Tiefe oder Höhe fünf Zoll. In jeder Reihe kommen auf diese Weise vier Pfannen neben einander zu stehen; im Ganzen, um die drei Stäbenreihen und die Platte im Gewölbe mit Pfannen zu versehen, wären also ihrer sechzehn erforderlich. Damit die Wärme aus diesem Trockenraum nicht herausströme, muss die offene Seite, durch welche man die Pfannen hereinsetzt und herausnimmt, mit einer eisernen Thür geschlossen werden. Dies bewerkstelligt man am einfachsten, wenn man die betreffende Thür zum Auf- und Niederklappen einrichtet. Damit aber die während des Röstens aus dem Kalksalz ausströmenden Wasser- und anderen Dämpfe einen Abzug finden, muss die Thüre an verschiedenen Stellen mehrere kleine Oeffnungen haben, die durch Schieber beliebig vergrössert und verkleinert werden können. Am besten ist es, wenn man in jeder Reihe vier Oeffnungen, und zwar jeder Pfanne gegenüber, anbringt. Auch muss über dem Röstofen die Decke in dem Local eine grosse Oeffnung haben, damit die während des Herausziehens der Pfannen und der Kalksalze ausströmenden sehr beissenden Dämpfe abziehen können.

Das Verfahren beim Rösten des Salzes ist nun folgendes: Man heizt den Ofen tüchtig ein, bis die Hitze in dem Trockenraum 200° C. = 160° Réaum. erreicht hat. Sodann werden die Pfannen, auf denen man eine zweizöllige Schicht des Kalksalzes gleichmässig ausgebreitet hat, rasch in den Ofen geschoben, die Thüren geschlossen, dabei aber die Schieber geöffnet sein müssen, und nun der Ofen weiter, jedoch gelinde geheizt, damit die Temperatur 200° C. nicht übersteigt, aber auch nicht, oder nur unbedeutend weniger beträgt. Von Zeit zu Zeit muss man die Pfannen nach der Reihe herausziehen und das Salz mit eisernen Krücken und eisernen Schaufeln umwenden, etwa zusammengebackene grosse Stücke zerkleinern u. s. w. Nachdem das Salz in den Pfannen schon ziemlich trocken geworden, wird es aus zwei bis drei Pfannen in eine umgethan und diese in diejenige Abtheilung des Ofens gebracht, in welcher die schwächste Hitze herrscht, also in's Gewölbe.

Die geleerten Pfannen werden nun mit frischem Salz gefüllt und damit so lange fortgefahren, bis alle Pfannen fast bis zum Rande mit trocknem Salz versehen sind. Sodann wird flotter geheizt, die Temperatur im Ofen bis auf 230° Cels. gesteigert und diese durch 24 Stunden gleichmässig erhalten, das Salz aber häufig umgerührt.

Essigsaures Bleioxyd.

Die Essigsäure liefert mit dem Bleioxyd verschiedene Verbindungen, eine neutrale und mehrere basische. Für uns hat nur die neutrale Verbindung einen Werth, da dieses Salz eins der wichtigsten essigsauren Salze vermöge seiner technischen Anwendung ist. Die basischen Verbindungen haben entweder nur eine wissenschaftliche,

II. Verarbeitung der Holzsäure auf Essigsäure und essigsaure Salze.

oder auch, wie das drittelessigsaure Bleioxyd, medicinische, auch selbst technische Bedeutung, gehören aber dennoch nicht in unser Bereich, denn Diejenigen, die diese Verbindung benöthigen, stellen sich dieselbe selbst dar. Uns bleibt also deshalb nur das neutrale Salz abzuhandeln übrig.

Neutrales essigsaures Bleioxyd.

$Pl.O, C^4H^3O^3 + 3HO.$

Essigsaures Blei und essigsaures Bleioxyd schlechtweg. Bleizucker. — *Plumbum aceticum, Acetas plumbi, Acetas plumbicus crystallisatus, Acetas plumbicus cum aqua, Saccharum saturni* etc. der Pharmaceuten und Aerzte. — *Sal saturni* der alten Chemiker. — Französisch: *Acétate de plomb, Sucre de plomb, Sucre de saturne.* — Englisch: *Acetate of Lead, Suyor of Lead.* — Italienisch: *Zacchoro di saturno.*

Zusammensetzung des crystallisirten Salzes:

		Atomgewicht.	Procentgehalt.
1 Aeq.	Bleioxyd	112.	68,71.
1 „	Essigsäure	51.	31,29.
1 Aeq.	essigsaures Bleioxyd	163.	100,00.

Zusammensetzung des wasserfreien Salzes:

		Atomgewicht.	Procentgehalt.
1 Aeq.	Bleioxyd	112.	58,95.
1 „	Essigsäure	51.	26,84.
1 „	Wasser	27.	14,21.
1 Aeq.	crystallisirtes essigsaures Bleioxyd	190.	100,00.

Dieses Salz kann man darstellen entweder durch Auflösen von Bleioxyd (Bleiglätte) in Essigsäure, oder dadurch, dass man metallisches Blei abwechselnd der Einwirkung von Essigsäure und Luft aussetzt, bei welcher Gelegenheit sich das Blei oxydirt und sodann das Oxyd durch Infusion mit Essigsäure von dieser aufgenommen und nach gehöriger Sättigung mit Blei die Flüssigkeit eingedampft und crystallisirt wird.

Das Salz crystallisirt, schnell erkaltet, in Nadeln, allmählig erkaltet, in grossen, platten, vierseitigen Prismen. Die Crystalle sind im gereinigten Zustande farblos, durchsichtig, bei gewöhnlicher Temperatur luftbeständig; bei 20—40° C. verwittern sie aber allmählig, wobei sie einen Theil Essigsäure verlieren, nach und nach wasserfrei werden und sich nach längerer Zeit durch Anziehung von Kohlensäure aus der Luft, in kohlensaures Bleioxyd verwandeln.

Der Geschmack des Salzes ist süss, hinten nach zusammenziehend, unangenehm metallisch. Es löst sich sehr leicht in zwei Theilen kaltem und in etwa dem halben Gewichte kochendem Wasser auf, schwieriger in Alcohol. Es besitzt die Eigenschaft, sowohl sauer, als auch zugleich alkalisch zu reagiren, indem es das Lackmuspapier röthet, Curcumepapier bräunt und Veilchensaft grünt. Beim Erhitzen schmilzt es in seinem Crystallwasser, lässt es vollkommen verflüchtigen, bei 280º C. geräth es wieder in Fluss, lässt unter theilweiser Zersetzung Kohlensäure und Aceton entweichen und verwandelt sich in das zwei Drittel oder anderthalb basische essigsaure Bleioxyd. Bei noch grösserer Hitze zersetzt es sich vollkommen und hinterlässt ein Gemenge aus metallischem Blei und Kohle. Mit Feuer in Berührung gebracht, verglimmen die Crystalle wie Zunder. Gleichfalls verleiht eine Auflösung dieses Salzes lockeren vegetabilischen Stoffen, wie Baumwolle, Papier, Bast, Leinwand etc., wenn sie mit jener inprägnirt wurden, die Eigenschaft, wie präparirter Zunder Feuer zu fangen.

Die Anwendung des Bleizuckers in der Technik ist eine sehr ausgedehnte. Man gebraucht ihn in den Färbereien und Kattundruckereien, ferner zur Darstellung anderer essigsaurer Salze, zur Bereitung des in der Malerei so sehr beliebten Chromgelbes, und endlich wird er in der Arzneikunde vielfach gebraucht.

Darstellung des Bleizuckers.

Wie beim essigsauern Kalk, so unterscheidet man auch beim Bleizucker im Handel zwei Sorten: braunen und weissen Bleizucker. Der erstere wird nur selten verlangt und zu seiner Darstellung wird rectificirte Holzsäure verwandt, während man zu dem weissen Bleizucker gereinigte Essigsäure anwenden muss. Beide Arten werden dadurch hergestellt, dass man entweder die Säure mit Bleiglätte sättigt oder, dass man gekörntes Blei oder Bleistücke einer Behandlung mit Säure unterwirft. In allen Fällen umfasst aber die Darstellung des Bleizuckers vier Processe:
1) das Sättigen der Säure,
2) das Abdampfen,
3) das Crystallisiren, und
4) das Trocknen der Crystalle.

Wir wollen jedoch, um nicht unnützlich die Sache in's Weite zu treiben, nicht jeden Process unter einem besondern Capitel abhandeln, sondern die ganze Darstellung und die dazu erforderlichen Apparate zusammen beschreiben und mit dem braunen Bleizucker beginnen.

1. Bereitung des braunen Bleizuckers.

Der braune Bleizucker wird am besten durch Sättigung der Holzsäure mit Bleiglätte dargestellt. In einen Bottich, der die Holzsäure enthält, wird unter beständigem Rühren in kleinen Portionen fein gemahlene Bleiglätte so lange hinzugethan, bis die Flüssigkeit vollkommen gesättigt erscheint, also bis blaues Lackmuspapier in die Flüssigkeit getaucht und herausgezogen, keine rothe Färbung mehr verräth. Die dabei aufsteigenden Unreinigkeiten werden sorgfältig mit einer Kelle abgeschöpft, und nachdem sich die ganze Flüssigkeit geklärt hat, wird dieselbe in eine schmiedeiserne Pfanne von derselben Einrichtung, wie die Abdampfpfanne zur Darstellung des essigsauren Kalkes beschrieben*), abgelassen, etwas Holzsäure bis zur schwachsauren Reaction hinzugegeben und hier bis auf zwei Drittel eingekocht. Während des Aufkochens werden alle aufschwimmenden Unreinigkeiten abgeschäumt; sodann lässt man die Flüssigkeit acht bis zehn Stunden stehen, damit sich alle Schmutztheile absetzen. Wenn dies geschehen, wird sie vorsichtig — damit der Schmutz ja nicht aufgerührt werde — in eine andere gleichfalls schmiedeiserne Pfanne gebracht und hier bis zum Crystallisationspunkt abgedampft, d. h. bis die Flüssigkeit die Concentration angenommen hat, dass sie beim Abkühlen crystallisirt. Dies erkennt man daran, wenn man mit einem Spatel oder mit der zum Abschöpfen des Schmutzes bestimmten Kelle in die Flüssigkeit taucht und diese abtröpfeln lässt; wenn nicht mehr als 10 bis 12 Tropfen abfallen und das Uebrige auf dem Löffel erstarrt, so ist die Flüssigkeit concentrirt genug. Jetzt lässt man während des Siedens etwa die dreifache Menge Wasser hineinlaufen und rührt die Flüssigkeit tüchtig um. Durch dieses Verfahren scheidet sich ein sehr grosser Theil der Unreinigkeiten ab, die nun wieder abgenommen werden. Nachdem diese entfernt sind, dampft man die Flüssigkeit wieder zur Crystallisation ein. Sollte sie indess noch zu sehr gefärbt erscheinen, so mischt man ihr etwas animalische Kohle zu, rührt gehörig um und lässt abklären. Wenn dieser Zeitpunkt eingetreten, so hebert man die Flüssigkeit in die Crystallisationsgefässe, sogenannte Crystallisationsschiffe.

---

*) Die beiden Vorsiedepfannen fallen hier weg.

Diese bestehen aus Holz und werden Innen mit dünnem Kupferblech ausgelegt. Um aber das Metall electronegativ zu machen, müssen über den Boden und an den Seiten herab Bleistreifen angelöthet werden, da sich sonst das Salz zersetzen würde. Die Crystallisationsschiffe sind am besten oval mit nach Innen abgeschrägten Seiten zu machen. Ihre Grösse beträgt an Länge vier bis fünf Fuss, an Breite zwei bis drei Fuss, an Tiefe oder Höhe sechs bis acht Zoll. Sobald die Crystalle in den Crystallisationsschiffen fest genug geworden sind, so dass man sie aus den Gefässen entfernen kann, wird die Mutterlauge, am besten durch einen unten an der Seite angebrachten Krahn oder auch durch einen Heber, abgelassen und die Crystalle, nachdem die Mutterlauge vollständig abgeflossen, durch Umstülpen der Crystallisationsschiffe über ein Tuch aus den Gefässen entfernt und in den Trockenraum zum Trocknen gebracht. Als Trockenraum bedient man sich im Sommer der Böden, im Winter einer besonderen Trockenstube, die durch ein oder zwei Kanonenöfen geheizt wird, deren Temperatur aber nicht 25° übersteigen darf, da die Crystalle sonst leicht oberflächlich verwittern. Nach dem Trocknen werden sie in dichte Fässer gethan, und in vor Zugluft geschützten, kühlen Orten aufbewahrt. Die basisch und neutrales essigsaures Bleioxyd enthaltende Mutterlauge wird mit Holzessig bis zu einer schwach sauren Reaction versetzt und zur frischen Lauge hinzugefügt, oder man sammelt die Mutterlauge durch mehrere Operationen an, bis man so viel hat, dass die Lauge für sich eingedampft werden kann.

2. Bereitung des weissen Bleizuckers.
A. Bereitung aus Bleiglätte.
a) Vermittelst Dampf.

Ein hölzerner, mit Bleiplatten ausgelegter Bottich wird zur Hälfte mit Essigsäure von 1,057 spec. Gewicht angefüllt und sodann unter beständigem Umrühren ununterbrochen eben so viel fein gemahlene Bleiglätte hinzugethan, als das Gewicht der Säure betrug. Sodann werden aus dem Dampfkessel Dämpfe in den Bottich eingelassen.

Nachdem man nun die Flüssigkeit auf diese Weise einige Zeit erwärmt hat, untersucht man dieselbe mit Lackmuspapier. Reagirt die Flüssigkeit nicht mehr sauer, so wird Essigsäure bis zu einer schwach sauren Reaction zugesetzt. Nach einiger Zeit wird wieder mit Lackmuspapier versucht; ist die Essigsäure abermals neutralisirt

60   II. Verarbeitung der Holzsäure auf Essigsäure und essigsaure Salze.

worden, so wird wiederum Essigsäure zugegossen. Damit wird nun so lange fortgefahren, bis alle Bleiglätte aufgelöst ist und sich mit der Essigsäure zu einem neutralen Salze verbunden hat. Es muss aber zu dem Zwecke die Flüssigkeit stets etwas sauer gehalten werden, da sich sonst basisches Salz bildet. Nachdem sich nun alle Bleiglätte gelöst hat, wird der Dampf abgesperrt und die Flüssigkeit rasch durch Beutel (Fig. 10.) in die weiter unten zu beschreibenden Abdampfpfannen filtrirt, oder man lässt sie einige Stunden stehen, bis sie sich geklärt hat und decantirt sie dann.

Fig. 10.

Die Abdampfpfannen sind ganz ebenso einzurichten, wie diejenigen, die wir bei der Fabrikation des essigsauren Kalkes beschrieben haben. Sie werden gleichfalls wie jene terrassenförmig aufgestellt und ebenso von Bleiröhren durchzogen, weshalb wir, um uns hier keiner Wiederholung schuldig zu machen, auf den Gegenstand verweisen. Auch die Manipulation mit diesen Apparaten ist dieselbe, nur dass die Flüssigkeit nicht bis zur Trockne eingedampft wird, sondern nur bis zum Crystallisationspunkt, welches auf dieselbe Weise zu erkennen ist, wie beim braunen Bleizucker. Uebrigens ist es besser, wenn man das specifische Gewicht oder den Aräometer hierbei zu Hülfe nimmt. Will man grosse Crystalle erhalten, so muss die Lauge bis zu einem spec. Gewicht von 1,2992 oder 35° Baumé eingedampft werden, in welchem Falle die Crystallisation allerdings langsamer erfolgt, aber schöne quadranguläre hexagonale Prismen liefert. Will man die Crystallisation rascher erfolgen lassen und weniger Mutterlauge gewinnen, so dampft man die Flüssigkeit auf 46° Baumé ein. Dann erhält man aber kleine nadelförmige Crystalle. Nachdem dieser Zeitpunkt eingetreten, kommt die Flüssigkeit in Crystallisirschiffe von derselben Art, wie sie für den braunen Bleizucker beschrieben worden sind. Nach vollendeter Crystallisation werden die Crystalle gleichfalls auf dieselbe Weise, wie die der früher beschriebenen Bleizuckersorte, entfernt und auch die Mutterlauge ebenso verwandt.

b) Bereitung über freiem Feuer.

Bei der Darstellung des Bleizuckers ohne Dampf, also über freiem Feuer, bedarf man zweier verschiedener Pfannen, Vorsiede- und Abdampfpfannen.

Die Pfannen werden aus Blei gemacht, und damit sie nicht durchschmelzen, müssen sie auf gusseisernen Platten ruhen. Sicherer bedient man sich übrigens kupferner Pfannen (Fig. 11), die aber, da-

Fig. 11,

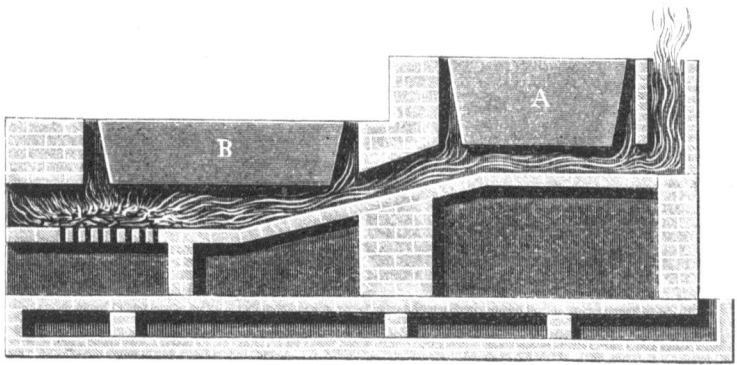

mit das Metall mehr electronegativ gemacht wird, über dem Boden und an den Seiten herab einen Bleistreifen angelöthet erhalten; auf diese Weise widerstehen die Pfannen der Säureeinwirkung.

Die passendste Grösse für die Pfannen würde folgende sein: Länge sechs bis sieben Fuss, Breite vier bis vier ein halb Fuss, und Tiefe oder Höhe ein Fuss. Doch die Vorsiedepfanne (Fig. 11. *A*.) muss einen Fuss tiefer gemacht werden, also zwei Fuss tief, damit sie mehr fassen kann, auch ist es besser, wenn sie kürzer gemacht wird.

Der Ofen für diese Pfannen wird sehr einfach gebaut. Für je zwei Pfannen, die Abdampf- und Vorsiedepfanne, ist eine Heizung. Das Feuer bestreicht erst die Abdampfpfanne (Fig. 11. *B*.) und berührt sodann, ehe es in die Esse entweicht, die über der Abdampfpfanne gelegene Vorsiedepfanne (Fig. 11. *A*.).

Es ist zu empfehlen, jedesmal zwei solcher Oefen zusammen für zwei Abdampfpfannen einzurichten. Dann erspart man nicht blos

Material, indem zwischen zwei Oefen nur eine Wand, die Mittelwand, welche nur dünn zu sein braucht, sowie auch nur eine Esse erforderlich ist, sondern, was die Hauptsache ist, die Manipulation wird dadurch erleichtert. Es bleibt hier nur noch zu erwähnen, dass die gusseisernen Platten eine Dicke von mindestens $^3/_4$ Zoll haben müssen, und dass in der Vorsiedepfanne ein Hahn angebracht werden muss, durch welchen die Flüssigkeit in die Abdampfpfanne eingelassen wird. Längs des ganzen inneren Raums des Hahns muss aber ein Bleistreifen angelöthet werden, damit die Flüssigkeit sich nicht zersetzen kann.

Die Vorsiedepfannen dienen zum Auflösen der Bleiglätte in der Essigsäure. Es wird in dieselben zu gleichen Theilen Bleiglätte (wie schon früher erwähnt, fein gemahlene) und Essigsäure auf einmal hineingebracht und einige Zeit mit einem schaufelförmigen hölzernen Rührer gerührt. Sobald die Flüssigkeit neutralisirt erscheint, was, wie schon früher erwähnt, mit Lackmuspapier zu erkennen ist, wird aus der Vorsiedepfanne, so viel Flüssigkeit durch den Hahn in die Abdampfpfanne eingelassen, bis dieselbe zu drei Viertheilen gefüllt wird. Da aber in der Vorsiedepfanne nicht alle Bleiglätte aufgelöst wird und die Flüssigkeit auch sonst noch fremdartige Bestandtheile enthält, so darf man dieselbe nicht ohne Weiteres durch den Hahn ablassen, sondern man muss sie vorerst filtriren.

Dies bewerkstelligt man aber dadurch, dass man unter dem Hahn der Vorsiedepfanne ein kleines flanellenes Filtrum (Fig. 10.) anbringt, durch welches die Flüssigkeit in die Pfanne hindurchfiltrirt. Sobald die Abdampfpfanne etwa zur Hälfte mit der essigsauren Bleiflüssigkeit versehen wurde, wird sogleich angeheizt, und nachdem die Pfanne die ganze erforderliche Quantität derselben erhalten hat, giebt man in die Vorsiedepfanne wiederum Essigsäure und Bleiglätte hinzu und rührt nun häufig um.

Beim Eindampfen der Flüssigkeit muss darauf gesehen werden, dass dieselbe stets schwach sauer reagirt, was durch Hinzugiessen von Essigsäure zu erzielen ist. Desgleichen ist auch mit der Flüssigkeit in der Vorsiedepfanne zu verfahren.

Nach dem Maasse, wie die Flüssigkeit in der Abdampfpfanne eindampft, wird aus der Vorsiedepfanne in die Abdampfpfanne neue Lauge hinzugegossen, also so, dass die Abdampfpfanne stets bis zu drei Viertheilen gefüllt bleibt. Selbstverständlich ist es, das auch mit der Vorsiedepfanne dasselbe beobachtet wird.

Das Feuer beim Eindampfen wird stets sehr mässig gehalten

und ein Aufwallen der Flüssigkeit möglichst verhindert, vorzüglich wenn die Lauge schon concentrirt ist, da sich beim starken Erhitzen sehr leicht braunes gekohltes Bleioxyd bildet, wodurch der Bleizucker gelblich gefärbt erscheint. Auch suche man die Bildung dieses Bleioxyds an den Wänden der Pfannen dadurch zu verhindern, dass man die Pfannen durch allmähligen Zufluss stets voll zu erhalten sucht. Nachdem die Flüssigkeit die nöthige Concentration erhalten hat, deren Erkennungsweise schon früher angegeben wurde, wird sie in die Crystallisirschiffe gebracht.

c) Bereitung mittelst Essigsäuredämpfe.

Diese Methode beruht darauf, dass man in einem besonderen Gefässe Essigsäure erhitzt und ihre Dämpfe in Apparate leitet, welche das Bleioxyd enthalten. Letzteres wird nun auf diese Weise sehr schnell gelöst, und die sich condensirenden Dämpfe liefern alsdann eine essigsaure Bleioxydlösung.

Man bedient sich nach meiner Erfahrung am zweckmässigsten der Apparate von nachstehender Construction. (Fig. 12.).

Das Gefäss, in welchem die Essigsäure erhitzt, nämlich in Dampfform verwandelt wird, also der Dampfentwickler (Fig. 12. *A.*), bildet einen Kessel nach Art eines vertikalen Dampfkessels, und wird auch ebenso in dem Ofen eingemauert. Als Material, woraus er gemacht wird, dient das Kupferblech, und zwar der Dauerhaftigkeit wegen, ein ziemlich starkes. Der Kessel braucht nicht mehr als zehn Centner Flüssigkeit zu fassen. Um den Stand der Flüssigkeit in demselben zu erkennen, befindet sich an der Seite eine Glasröhre (Fig. 12. *a.*). Und um den Kessel, wenn es erforderlich ist, speisen zu können, wird oben ein Trichter (Fig. 12. *b.*) mit einem Krahn angebracht. Aus seinem oberen gewölbten Theile kommt ein gebogenes kupfernes Rohr (Fig. 12. *c.*), welches in ein hölzernes, innen mit Bleiplatten ausgelegtes Fass (Fig. 12. *B.*) von etwa drei Fuss Durchmesser und fünf Fuss Höhe mündet, und zwar so, dass es $\frac{1}{2}$ Fuss von dem Deckel in's Fass kommt und längs der Seite bis etwas über den untersten Stell-Boden desselben hinabreicht und hier bis zur Hälfte des Fassdurchmessers hinläuft, auch sich ein Wenig nach oben richtet. (Fig. 12. *y.*).

Das Fass besitzt innen vier Stellböden (Fig. 12. *x. x. x. x.*), nämlich einen ein Fuss drei Zoll vom wirklichen Boden, den zweiten einen Fuss von dem ersten Stellboden u. s. w.

64   II. Verarbeitung der Holzsäure auf Essigsäure und essigsaure Salze.

Fig. 12.

Die Stellböden werden am praktischsten aus Blei, höchstens ¼ Zoll dick, gegossen und auf Leisten ruhend angebracht. Sie müssen siebartig und zwar sehr dicht durchlöchert sein; der Durchmesser der Löcher darf nicht mehr als eine halbe Linie betragen. Ausser dieser Perforation befindet sich noch in jedem Stellboden ein etwa 1½ Zoll breites rundes Loch, aus welchem nach oben zu ein etwa zwei bis drei Zoll hohes Bleirohr hervorragt, da ein solches in das Loch eingelöthet wird. Diese Löcher in den Stellböden werden derart angebracht, dass, wenn in dem untersten Stellboden das Loch zur linken Seite liegt, beim zweiten Stellboden das Loch zur Rechten liegen muss u. s. f.

Für einen oben beschriebenen Dampfentwickler sind drei solcher Fässer erforderlich. Ihre Stellböden werden nun, nachdem sie eine Lage loser Leinwand erhalten haben, von dem untersten angefangen, mit einer zwei- bis dreizölligen Schicht Bleioxyd versehen. Wenn dies geschehen, werden die Fässer fest mit Deckeln versehen. Dieselben (Fig. 12. *d. d. d.*) besitzen eine gewölbte schirmartige Form und endigen nach der Spitze zu in ein kurzes Rohr (Fig. 12. *c. e. e.*). Sie werden aus Kupferblech, welches innen verbleit ist, gemacht und müssen etwa einen halben Zoll in das Fass eingreifen. Auf das kurze Rohr des Deckels wird eine krumme Röhre (Fig. 12. *f.*) aufgesetzt, welche nun ebenso in das zweite Fass mündet (Fig. 12. *B.*), wie die des Dampfkessels in das erste. Aus dem Deckel des zweiten Fasses geht ein gleiches Rohr in das dritte Fass, und aus dem Deckel dieses Fasses endlich in den Kühler, welcher hier nicht abgebildet und von derselben Einrichtung, wie der für die trockne Destillation des Holzes (Fig. 2.), aber kleiner als jener ist.

Die Manipulation mit diesen Apparaten ist nun folgende: Nachdem man also die Stellböden aller drei Fässer mit einer, wie schon erwähnt, zweizölligen Schicht Bleioxyd versehen, die Deckel auf die Gefässe aufgesetzt und die Apparate sonst in Ordnung gebracht hat, wird unter dem mit Essigsäure zu drei Viertel seines Raumes gefüllten Kessel Feuer gemacht. Das Rohr *a* leitet nun die Essigsäuredämpfe zuerst in den unteren Raum des Fasses *B.*, woselbst sie sich vertheilen und sehr bald in den zweiten Raum zwischen den ersten und zweiten Stellboden gelangen, sodann in die dritte Abtheilung u. s. w. Die in dem ersten Fasse nicht condensirten Dämpfe gelangen nun durch die Röhre *f.* in das Fass *C.*, aus diesem der nicht condensirte Theil durch das Rohr *f.* in das Fass *D.*, aus diesem endlich durch eine ebensolche Röhre (die hier nicht abgebildet wurde) in den Kühler, wo sie dann als Flüssigkeit in ein untergestelltes Gefäss abfliessen.

Ueberall auf dem ganzen Wege durch die zahlreichen Stellböden sämmtlicher Fässer, welche die Essigsäuredämpfe passiren, nehmen dieselben Bleioxyd auf und sättigen sich zuletzt vollkommen und zwar zu einer basischen essigsauren Bleiflüssigkeit schon im zweiten Fass.

Aus dem Kühler entweicht daher nur Wasser mit geringen Bleitheilen. Oder, wenn die Operation zu lange geleitet, so dass der grösste Theil des Bleioxyds aufgelöst wurde, dann erhält man aus dem Kühler zugleich auch eine schwache Säure. So lange darf aber die Operation nicht fortgesetzt werden, sondern man lässt nur so lange Essigsäuredämpfe aus dem Kessel in die Fässer einströmen, bis die im unteren Fassraume befindliche condensirte Flüssigkeit die Concentration angenommen hat, um beim Erkalten zu crystallisiren. Ist sie so weit gediehen, so wird sie aus den Fässern durch die Krähne in die Crystallisationsschiffe abgelassen, und da sie basischer Natur ist, in den Schiffen mit etwas, aber starker Essigsäure bis zur schwach sauren Reaction versetzt.

Um mit Vortheil arbeiten zu können, ist auch hier wieder der Cardinalpunkt der, dass man starke Säure verwendet, wodurch die Operation sehr verkürzt wird. Schwache Säure ist gleichfalls anwendbar, indem ja die Säure an die Base gebunden wird und dadurch nur das Wasser aus dem Kühler entweicht. Allein durch die schwache Säure wird das Verfahren sehr in die Länge gezogen und viel Brennmaterial erfordern.

B. Bereitung aus metallischem Blei.

Bei diesem Verfahren werden Bleistücke, gekörntes Blei, Rückstände von der Bleiweissfabrikation etc. abwechselnd der Einwirkung von Essigsäure und atmosphärischer Luft ausgesetzt.

Zu diesem Zweck wird ein System von 8 bis 12 terrassenförmig über einander gestellten Behältern angebracht. In dem ersten Behälter befindet sich die Essigsäure, während alle übrigen das Blei in etwa dreizölliger Schicht enthalten.

Die Behälter sind Kasten aus Holz von beiläufig vier Fuss im Quadrat, welche innen mit Bleiplatten ausgelegt sind. Der erste Kasten ist etwa zwei Fuss hoch und hat einen festschliessenden Deckel, während die anderen Kasten nur einen Fuss hoch sind und keinen Deckel besitzen. Jeder Kasten hat am Boden einen Krahn, durch welchen die Flüssigkeit in den unterstehenden Kasten ablaufen kann.

Die Manipulation ist also folgende: Der obere Kasten oder Essigsäurebehälter wird mit starker Essigsäure gefüllt und diese nach der Füllung durch einen Krahn in den ersten Kasten, aus diesem nach etwa einer Viertelstunde in den zweiten u. s. w. abgelassen, bis sie aus dem letzten Kasten in ein untergestelltes Gefäss abfliesst. Sodann bringt man die Flüssigkeit wieder in den ersten Kasten durch eine Oeffnung, auf welcher ein kupferner, bleiplattirter oder auch mit einem angelötheten Bleistreifen versehener Trichter aufgesetzt wurde, verschliesst sodann das Loch mit einem Kork und lässt die Flüssigkeit wieder durch alle Kasten hindurchfliessen. Dies wiederholt man so lange, bis die Flüssigkeit aus dem letzten Kasten gesättigt herausfliesst, was bei Anwendung von zwölf Kasten gewöhnlich schon mit drei Operationen abläuft.

Das Eindampfen der gesättigten Flüssigkeit geschieht nun auf die eine oder andere der früher angegebenen Methoden, also entweder durch Dampf oder über freiem Feuer.

Wenn man nun jetzt, nachdem wir alle Methoden der Bleizuckerfabrikation behandelt haben, an uns die Frage richtet, welche von denselben denn eigentlich die beste, also die empfehlenswertheste ist, so glauben wir diese Fragen am besten dadurch zu beantworten, wenn wir die verschiedenen Methoden einer kurzen kritischen Betrachtung unterziehen.

Auf die Frage, ob man vortheilhafter mit Bleioxyd oder mit metallischem Blei arbeitet, muss ich entschieden die Darstellung aus Bleioxyd für vortheilhafter halten, obwohl es Viele giebt, welche die letztere Methode bevorzugen, sich darauf berufend, dass das metallische Blei billiger als das Bleioxyd ist, und man bei dieser Methode sogleich eine concentrirte essigsaure Bleiflüssigkeit erhält, die man gar nicht oder doch nur sehr wenig einzudampfen nöthig hat.

Dies ist allerdings richtig, und insofern wäre sie vortheilhaft. Aber bei dieser Darstellung des Bleizuckers aus metallischem Blei muss ja das letztere bekanntlich erst mit Essigsäure imprägnirt und dann der Luft ausgesetzt werden, damit sich Bleioxyd bildet, welches erst von der Essigsäure gelöst werden muss, um eine essigsaure Bleiflüssigkeit darzustellen. Bei dieser Operation nun, die mehrmals zu wiederholen ist, verfliegt oder verdunstet ausserordentlich viel Essigsäure. Der Verlust der Essigsäure ist ein um so empfindlicherer, als man, wenn man gleich eine concentrirte Bleiflüssigkeit erhalten will, eine starke Essigsäure anzuwenden hat. Man würde also auf der einen Seite durch die grössere Wohlfeilheit des metallischen Bleies gegenüber des Bleioxydes gewinnen, auf der anderen Seite aber durch den Verlust an Essigsäure das Doppelte, ja das Dreifache verlieren.

Anlangend die Fabrikation mittelst Dampf, über freiem Feuer und durch Essigsäuredämpfe, ist entschieden der letzteren Methode der Vorzug vor allen übrigen zu geben, der ersteren aber vor der zweiten.

Die Fabrikation über freiem Feuer hat den Nachtheil, dass sie nie ein so schönes weisses Product liefert, wie die durch Dampf, da beim Eindampfen über freiem Feuer sich niemals die Bildung von braunem, gekohltem Bleioxyd verhindern lässt, welches der Flüssigkeit und auch dem später auskrystallisirenden Salze ein gelbes Aussehen giebt.

Auch bietet die Fabrikation durch Dampf noch den Vortheil, dass man im Stande ist, mit einem mässigen Dampfkessel, dessen Dampfkraft ausserdem noch für viele andere Zwecke der Fabrik verwandt wird, eine verhältnissmässig grosse Quantität Lauge einzudampfen.

Die Fabrikation des Bleizuckers vermittelst Essigsäuredämpfe ist deshalb die vorzüglichste Verfahrungsweise, weil hierbei das Eindampfen der essigsauren Bleilösung ganz und gar wegfällt, und was von besonderer Wichtigkeit bei dieser Methode ist, ist das, dass man bei der Operation ein von Bleidämpfen stets gänzlich freies Fabrikslocal behält, was bei anderen Verfahrungsarten nicht erreicht werden kann.

Die Bleidämpfe, dieses langsam tödtende Gift, was haben sie nicht schon für Menschenopfer gefordert! (Vergl. über die Krankheiten, welche die Fabrikation aller hier behandelten Producte hervorbringen). Schon allein desshalb ist es eine heilge Pflicht der Fabrikanten, sich bei der Bleizuckerfabrikation eines Verfahrens zu bedienen, welches die Arbeiter nicht zu einem frühzeitigen Opfer ihrer traurigen Beschäftigung macht.

Ein dritter Vortheil, den diese Methode liefert, ist der, dass man nicht ganz reine Essigsäure anzuwenden braucht, da ja nur die Dämpfe in Berührung mit dem Bleioxyd kommen, die Unreinigkeiten aber in dem Kessel zurückbleiben, die Essigsäure also zugleich einer Rectification unterworfen wird.

Vor dem Schluss dieses Capitels bleibt uns noch zu erörtern übrig, ob es für den Fabrikanten geboten erscheint, sich das Bleioxyd selbst zu bereiten, oder in Form von Bleiglätte käuflich zu erwerben. Diese Frage wollen wir durch folgende Betrachtungen beantworten.

Die Bleiglätte, auch Silberglätte und von den Pharmaceuten *Litharyrum* genannt, wird auf den Hüttenwerken beim Abtreiben des Silbers als Nebenproduct gewonnen. Trotzdem aber, dass es ein Nebenproduct bildet, ist es doch gewöhnlich um fünf Procent theurer, als das metallische Blei. Ausserdem besteht die Bleiglätte ja nicht aus reinem Blei, sondern sie enthält gegen acht Procent Sauerstoff, ferner noch fremde Beimengungen, als Sand, kieselsaures Bleioxyd, Eisen, Mangan, Kupfer und Antimonoxyd, etwas Silber und unlösliches Bleioxyd. Doch betragen diese fremden Körper zusammengenommen so viel, dass von 100 Pfund Bleiglätte nur 88 Pfund in Essigsäure löslich sind; sie bedingen also einen Verlust von 12%.

Darnach scheint es vortheilhafter, wenn man metallisches Blei einkauft, und dieses zu Oxyd verarbeitet, um so mehr, da das Blei, wenn auf den Hauptmärkten eingekauft, um vieles billiger, als die Bleiglätte, die im Vergleich zum Blei nur in beschränkter Menge gewonnen wird, beschafft werden kann. Wo man aber Bleiglätte billiger als Blei oder doch höchstens in gleichem Preise mit diesem erhält, wird man natürlich jenes dem Blei vorziehen, da die Verarbeitung des Bleies auf Bleioxyd nicht ohne Zeitaufwand und Brennmaterial auszuführen ist. Im Allgemeinen aber wird das Blei billiger als die Glätte zu beschaffen sein, daher wollen wir hier eine Anweisung zur Verarbeitung des Bleies zu Oxyd folgen lassen.

Verarbeitung des Bleies auf Bleioxyd.

Für unseren Zweck ist es nicht nothwendig das Blei in Glätte zu verwandeln, sondern es reicht hin, es nur einfach zu oxydiren oder auch in Hydrat zu verwandeln. Im ersteren Falle wird es durch Erhitzen, im letzteren auf kaltem Wege mit Anwendung von Wasser oxydirt.

Die erstere Oxydationsmethode beruht darauf, dass das Blei, wenn es geschmolzen wird, sich auf der Oberfläche, wo es mit der Luft in Berührung kommt, mit einem Häutchen von Oxyd überzieht. Wenn nun das geschmolzene Blei gerührt wird, so fällt das Häutchen zu Pulver zusammen, und das Blei überzieht sich abermals mit einem

Häutchen, und so fort, bis die ganze Bleimasse sich in ein graues Oxyd verwandelt hat.

Um dies im Grossen auszuführen, bedient man sich eines sogenannten Reverberirofens. Derselbe ist in Fig. 13. abgebildet. Der Rost, auf den das Brennmaterial gebracht wird, ist mit a, der Aschenfall, durch welchen der Sauerstoff der Luft Zutritt erlangt, mit b bezeichnet.

Der Feuerraum wird durch eine Reihe feuerfester Steine (Chamottesteine) c von dem Schmelzraume $d.\,d.$, auf welchen das Blei kommt, getrennt. Flamme, Rauch und Dampf des Bleies entweichen durch die Esse e, welche zur Regulirung des Luftzuges einen Schieber f besitzt.

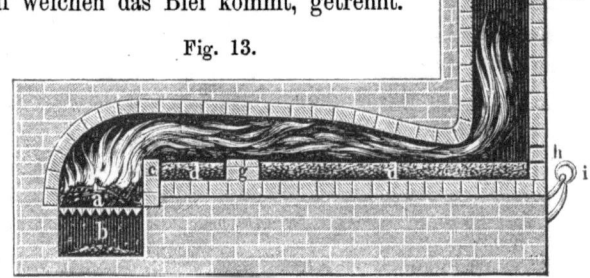

Fig. 13.

Auf der Langseite des Ofens wird eine Oeffnung g, auf der Breitseite eine Oeffnung h angebracht, durch welche das Blei in den Schmelzraum gebracht wird. Letztere Oeffnung dient zugleich zum Rühren des Metalls während des Schmelzens mit einer eisernen Krücke. Und um diese leichter handhaben zu können, befindet sich an der Oeffnung eine Rolle i, auf welcher die Krücke ruht.

Der Schmelzraum des Ofens muss aus guten feuerfesten Steinen (Chamottesteinen) und sehr solid gefertigt werden. Auf gleiche Art muss auch die Wölbung gemacht sein.

Die Oxydation des Bleies auf kaltem Wege, wobei man ein Hydrat erhält, geschieht auf die Weise, dass man dasselbe anhaltend mit Luft und Wasser in Berührung bringt. Um die Oxydation rascher zu bewerkstelligen, bedient man sich granulirten Bleies, welches man in ein Fass schüttet, daselbst das Blei mit Wasser benässt und das Fass um seine Achse dreht. Um den Zutritt der Luft zu ermöglichen, giebt man dem Fasse hohle Achsen.

Wollte man das Blei mit Wasser benässt ohne Mitanwendung einer mechanischen Kraft der Luft aussetzen, so würde die Oxydation nur langsam erfolgen.

Das auf die eine oder die andere Art erhaltene Bleioxyd kann ohne Weiteres zum Auflösen in Essigsäure benutzt werden.

Essigsaures Eisen.

Wir haben zwei Verbindungen des Eisens mit der Essigsäure: das essigsaure Eisenoxydul und das essigsaure Eisenoxyd. Beide finden eine grosse Verwendung in den Färbereien und Kattundruckereien, welche Anstalten häufig diese Salze selbst darstellen, in den meisten Fällen aber sie fertig zu kaufen vorziehen, daher denn auch dieses Product für die Holzdestillation einen wichtigen Absatzartikel bildet.

Essigsaures Eisenoxydul.

$$FeO^4H^3O^3.$$

Ferrum aceticum oxydulatum der Pharmaceuten und Aerzte. — Französisch: *Protosulphate de Fer acéteux*. — Englisch: *Protoacetate of Iron*. — Italienisch: *Ferro acetoso*.

	Atomgewicht.	In 100 Theilen.
1 Aeq. Eisenoxydul	36,00	41,379.
1 „ Essigsäure	51,00	58,621.
		100,00.

Diese Verbindung wird dargestellt, indem Eisen oder Schwefeleisen in Essigsäure aufgelöst wird, oder indem man schwefelsaures Eisenoxydul (Eisenvitriol) mit essigsaurem Kalk, Baryt oder Bleioxyd zersetzt. Das Salz crystallisirt in Prismen von blassgrüner Farbe und ist im Wasser leicht löslich. An der Luft wird es gelbbraun und verwandelt sich in ein basisches Oxydsalz. Für technische Zwecke wird dieses Salz übrigens fast nie in Crystallen dargestellt, sondern in flüssiger Form von einem bestimmten spec. Gewicht. Das Salz dient als Beize in der Färberei, z. B. zur Erzeugung von Schwarz, Violett mittelst Krapp- und Rothholz.

Bereitungsweise. Im Grossen bereitet man das Salz auf die Weise, dass man in einem gusseisernen Kessel, welcher im Ofen eingemauert ist und von unten erhitzt wird, Holzsäure und Eisen (alte Nägel, defecte Hufeisen, Eisendrehspähne etc.) mit einander längere Zeit in Berührung bringt, bis die Säure von dem Eisen so viel gelöst, dass sie ein specifisches Gewicht von 1,090 angenommen hat.

Bei dieser Operation, nämlich während sich das Eisen auflöst, scheidet sich in den meisten Fällen Schmutz, harzartige Stoffe, ab, den man fleissig mit einer eisernen Kelle abzuschöpfen hat. Nachdem die Flüssigkeit die nöthige Concentration erlangt hat, lässt man sie abkühlen, wobei noch viele Theertheile sich ablagern; sodann filtrirt man sie durch leinerne Filter von derselben Form wie Fig. 10 darstellt und bringt sie auf Fässer, die man gut verschlossen zu halten hat. Zwei Punkte bei dieser Darstellungsweise sind zu beachten. Die Flüssigkeit darf nie bis zum Kochen erhitzt werden, sondern sie muss nur heiss sein, da sich beim Kochen zu viel Essigsäure verflüchtigt. Damit diese ohnehin langdauernde Operation schneller von Statten geht, muss man in dem Kessel stets recht viel Eisen haben und die Flüssigkeit sammt dem Eisen häufig mit einem Rührer umrühren.

Ein weit schnelleres und bequemeres Verfahren der Bereitung dieses Salzes ist die Zersetzung des schwefelsauren Eisenoxyduls mittelst essigsauren Kalkes.

Zu diesem Zweck werden einestheils in einem geräumigen Bottich vier Centner Eisenvitriol (aber kupferfreier) in zehn Centnern Wasser aufgelöst. Andrentheils wird destillirte Holzsäure mit Kalk neutralisirt (auf die Weise, wie wir das bei der Bereitung von essigsaurem Kalk beschrieben) und nach erfolgter Klärung diese Flüssigkeit bis zu einem spec. Gewicht von 1,080 eingedampft, sodann von derselben acht Centner der schwefelsauren Eisenlösung hinzugegeben, und damit die Zersetzung vollständig vor sich gehe, wird die gereinigte Flüssigkeit tüchtig gerührt.

Bei diesem Process verbindet sich nun durch doppelte Wahlverwandtschaft, die Essigsäure der essigsauren Kalklösung mit dem Eisen, während die Schwefelsäure des Vitriols sich mit dem Kalk verbindet und unlöslichen schwefelsauren Kalk (Gyps) bildet, welcher sich zu Boden setzt. Sobald das geschehen, wird die essigsaure Eisenlösung von dem Gyps abgezogen und besitzt nun eine zum Verkauf geeignete Concentration, nämlich ein specifisches Gewicht von 1,110.

Wie schon früher erwähnt, muss die Flüssigkeit in den Fässern gut verschlossen gehalten werden, da sie sich bei Luftzutritt leicht oxydirt und ein basisches Salz abscheidet. Beim längeren Aufbewahren geschieht übrigens dies selbst beim besten Luftabschluss. Um nun die Zersetzung zu verhindern, muss man in die Flüssigkeit etwas metallisches Eisen hineingeben, welches sich alsdann mit dem Sauerstoff des Oxydsalzes verbindet.

Wenn man das Eisen einfach in die Flüssigkeit einwirft, so dass es auf den Boden des Fasses zu liegen kommt, so ereignet es sich häufig, dass, da die Flüssigkeit fast immer im Laufe der Zeit einen Satz ablagert, das Eisen mit Unreinigkeiten belegt und daher der

Einwirkung der Flüssigkeit entzogen wird. Es ist demnach besser, wenn man an einem Draht Eisenstücke befestigt und den Draht an dem Spund, mit welchem man das Fass verschliesst, anbringt.

Essigsaures Eisenoxyd.
$Fe^2O^3 3C^4H^3O^3$.

Ferrum aceticum schlechtweg, oder *Ferrum aceticum oxydatum* der Pharmaceuten und Aerzte. — Französisch: *Acétate de Fer.* — Englisch: *Sesquiacetate of Iron.* — Italienisch: *Ferro acetoso.*

	Atomgewicht.	Procentgehalt.
1 Aeq. Eisenoxyd	80.	34,344.
1 „ Essigsäure	153.	65,656.
1 Aeq. essigsaures Eisenoxyd	233.	100,000.

Diese Eisenverbindung erhält man entweder auf die Weise, dass man reinen Eisenoxydhydrat in Essigsäure auflöst, oder durch doppelte Wahlverwandtschaft aus schwefelsaurem Eisenoxyd und essigsaurem Kalk, essigsaurem Baryt oder essigsaurem Bleioxyd.

Das essigsaure Eisenoxyd stellt eine dunkelrothbraune Flüssigkeit dar, welche beim Erhitzen sich zersetzt, indem Essigsäure verdampft und sich ein basisches Salz abscheidet, beim weiteren Erhitzen bleibt nur reines Eisenoxydhydrat zurück.

Dieses Salz wird wegen seiner Eigenschaft, als Beize einen ausgezeichnet gleichförmigen Grund abzugeben, vorzüglich zum Färben angewandt. Man bedient sich desselben in der Wollenfärberei, um mittelst *Ferridcyankalium* blaue Farben zu erzeugen, in Baumwollen- und Seidenfärbereien, um ein schönes Schwarz zu erlangen, ferner braunroth; dann wird es auch in den Kattundruckereien benutzt u. s. w.

Darstellung. Im Grossen wird es am besten durch Zersetzung von schwefelsaurem Eisenoxyd vermittelst essigsauren Kalkes bereitet. Es wird zu dem Zweck in einem Bottich mit Wasser schwefelsaures Eisenoxyd aufgelöst und sodann eine essigsaure Kalkflüssigkeit auf die Art bereitet, wie beim vorigen Eisensalze erwähnt, unter Umrühren hinzugegeben. Die beiderseitigen Verhältnisse sind dabei schwer anzugeben, da die Zusammensetzung des schwefelsauren Eisens stets sehr variirt. Man muss sich daher auf das Experimentiren legen. Einen Ueberschuss an essigsaurem Kalk erkennt man leicht, wenn man von der Flüssigkeit etwas in ein Gläschen giesst, dieselbe mit etwas Wasser verdünnt und dann einige Tropfen Schwefelsäure hinzufügt; entsteht dadurch ein Niederschlag, so ist ein Ueberschuss von essigsaurem Kalk vorhanden, und man sucht diesen nun durch

Hinzufügen der schwefelsauren Eisenoxydlösung zu beseitigen. Im Falle, dass aber die Lösung einen Ueberschuss an schwefelsaurem Eisenoxyd hat, was daran zu erkennen ist, dass, wenn ein wenig der Flüssigkeit in eine verdünnte Lösung von essigsaurem Kalk gebracht wird, sich ebenfalls ein Niederschlag von schwefelsaurem Kalk bildet, so muss etwas von der essigsauren Kalklösung hinzugefügt werden.

Eine mit weniger Mühe verbundene Operation liefert der Eisenalaun, weil bei diesem die Menge der Schwefelsäure eine beständige ist. Leider zersetzt sich aber sehr bald ein solches aus Eisenalaun dargestelltes essigsaures Eisenoxyd in Folge der Anwesenheit von Kali, das der Eisenalaun stets enthält.

Man kann dieses Salz aber auch auf die Art darstellen, dass man terrassenförmig über einander gestellte Kasten (wie das beim Bleizucker beschrieben wurde) mit altem Eisen versieht, und über dieses Holzsäure durch längere Zeit fliessen lässt. Dadurch, dass das Eisen mit Säure benässt wird, oxydirt es sich rasch, und wenn nun darüber wieder Säure zu stehen kommt, so löst die letztere das Oxyd auf. Dies muss aber, wie gesagt, oftmals wiederholt und das Eisen häufig der Luft ausgesetzt werden, denn sonst erhält man anstatt essigsaures Eisenoxyd, essigsaures Eisenoxydul, oder wenigstens zum grössten Theil das letztere.

Essigsaures Kali.

Die Essigsäure geht mit dem Kali zwei Verbindungen ein, und bildet neutrales und zweifach-essigsaures Kali. Wir wollen blos das erstere betrachten, da nur dieses eine technische Verwendung findet, während das andere nur wissenschaftliches Interesse besitzt.

Neutrales essigsaures Kali,
oder schlechtweg essigsaures Kali.

$KO, C^4 H^3 O^3$.

Kali aceticum (auch wohl früher *Terra foliata tartari* genannt) der Pharmaceuten und Aerzte. — Französisch: *Acétate de potasse*. — Englisch: *Acetate of Kali*. — Italienisch: *Potassa acetosa*.

	Atomgewicht.	Procentgehalt.
1 Aeq. Essigsäure	51.	52,04.
1 „ Kali	47.	47,96.
1 Aeq. essigsaures Kali	98.	100,00.

Dieses Salz stellt man dar, indem man Essigsäure mit kohlensaurem Kali sättigt und die Flüssigkeit bis zum Crystallisationspunkt oder auch bis zur Trockne eindampft. Das Salz, wenn es der Crystallisation ausgesetzt wird, crystallisirt sehr schwer und bildet seidenartige glänzende, sich geschmeidig, fettig anfühlende, je nach der Reinheit der angewandten Säure, mehr oder weniger weisse Schüppchen. In höherer Temperatur schmilzt es und verträgt eine hohe Hitze, ohne sich zu zersetzen, die Essigsäure vollständig verfliegen zu lassen. An der Luft zerfliesst das Salz äusserst leicht und ist daher in Wasser sehr leicht löslich; auch in Alcohol löst es sich.

In der Technik findet dieses Salz geringe Verwendung, ausschliesslich zur Darstellung von künstlichem Birnäther (essigsaurem Amyloxyd), dagegen wird es in der Arzneikunde viel gebraucht und dient vorzüglich als Schwitzmittel. Für die letzteren, pharmaceutischen Zwecke. wird es nur aus chemisch reinem kohlensaurem Kali dargestellt.

Bereitung. In einem hölzernen, sehr fest gearbeiteten, besser innen mit dünnem Kupferblech ausgelegten Bottiche wird destillirte Holzsäure mit Pottasche vollständig gesättigt, und zwar auf die Weise, dass man in die Säure allmählig in nicht zu grosser Quantität das Salz hinzufügt, um ein Uebersteigen der Flüssigkeit zu verhindern. Nachdem die Flüssigkeit neutralisirt ist, fügt man noch einen kleinen Ueberschuss Säure hinzu und lässt sie abstehen. Sobald die Flüssigkeit sich geklärt hat, wird sie in eine Abdampfpfanne (wie wir eine solche bei der essigsauren Kalkbereitung kennen lernten, jedoch von kleinerer Dimension und aus Kupfer gemacht) abgehebert und sodann ungesäumt unter der Pfanne Feuer angemacht.

Auf den Rückstand im Bottich wird nun etwas Wasser aufgegossen, die Masse mit einem Rührer tüchtig umgerührt und dann durch spitze Beutel filtrirt. Die filtrirte Lösung kommt nun zu der Hauptlauge in die Pfanne. Die ganze Flüssigkeit wird nun bis zur Trockne eingedampft, und während des Eindampfens wird jede sich oben auf ihr bildende Unreinigkeit sorgfältig abgeschöpft. Nachdem die Flüssigkeit nun zur Trockne eingedampft ist, lässt man das Salz noch in seinem Crystallwasser schmelzen, zu welchem Zweck die Temperatur gesteigert wird. Wenn die Masse geschmolzen ist, nimmt sie ein ölartiges Aussehen an und man lässt sie sodann einige Augenblicke in diesem Zustande, aber, wie gesagt, nur einige Augenblicke. Nach diesen Augenblicken aber nehme man das Feuer heraus, oder besser, man sperrt das Feuer durch einen Schieber von der Pfanne ab und lässt es direct in die Esse entweichen. Denn wenn das Salz längere Zeit einer solchen Temperatur ausgesetzt wird, kann es sich leicht zersetzen, nämlich den ganzen Essigsäuregehalt verlieren, und man würde dann nur kohlensaures Kali und Kohle erhalten.

Wenn das Salz etwas abgekühlt ist, setzt man demselben allmählig Wasser hinzu, so viel, dass es sich vollständig löst, ohne jedoch eine zu concentrirte oder zu schwache Lösung zu bilden. Wenn das Salz sich vollkommen aufgelöst hat, wird die Lösung durch spitze Beutel filtrirt, um den Schmutz (die Kohle) zurückzuhalten. Wenn dies geschehen, wird sie wieder in dieselbe Abdampfpfanne, die vor dem natürlich gut gereinigt wurde, zurückgegeben und wieder bis zur Trockne (aber nicht bis zur Schmelzung des Salzes in seinem Crystallwasser) verdampft, und das Salz sodann noch warm, wie es ist, in besonders dazu eingerichtete, mit breiten Hälsen versehene Flaschen eingeschüttet und in denselben gut verkorkt aufbewahrt.

Für medicinische Zwecke wird, wie erwähnt, anstatt gewöhnlicher Pottasche, reines kohlensaures Kali gebraucht. Auch wird in den meisten Fällen nicht Holzsäure, sondern schon gereinigte Essigsäure angewandt, in welchem Falle denn auch das Salz in seinem Crystallwasser nicht geschmolzen zu werden braucht, da es gleich rein erhalten wird.

Das essigsaure Kali lässt sich übrigens auch durch mannichfaltige Zersetzung mancher essigsaurer Salze mit Kali darstellen.

Man gebraucht dazu Bleizucker oder essigsauren Kalk. Im ersteren Falle wird kohlensaures Blei gefällt, und die überstehende Flüssigkeit enthält das essigsaure Kali, im zweiten Falle scheidet sich kohlensaurer Kalk aus. Diese sogenannte Fällungsmethode ist jedoch nicht besonders zu empfehlen, ganz vorzüglich die mit essigsaurem Bleioxyd nicht, da sich in diesem Falle stets in dem essigsauren Kali auch, und zwar keine unbedeutende Menge Blei befindet.

Essigsaures Kupfer.

Mit dem Kupfer bildet die Essigsäure verschiedene Salze: Ein Oxydulsalz und mehrere Oxydsalze. Vom letzteren hat man wieder ein neutrales und mehrere basische: zweifach basisches, anderthalb und dreibasisches Kupferoxyd. Für uns sind nur das neutrale und das zweifach basische Salz von Wichtigkeit, da sie eine grosse technische Anwendung haben und daher hier abgehandelt werden.

Neutrales essigsaures Kupferoxyd.
$CuO, C^4H^3O^3 + HO$.

Neutrales essigsaures Kupfer, crystallisirter — auch, wie wohl fälschlich destillirter — Grünspan, gereinigter, edler Grünspan. — *Cuprum aceticum crystallisatum, Acetas cupricus crystallisatus, Aerugo crystallisata* etc. der Pharmaceuten und Aerzte. — Französisch: *Acétate de cuivre crystalliné, Cristaux de Vénus* etc. — Englisch: *Acetate of Copper neutral.* — Italienisch: *Rame acetoso.*

			Atomgewicht.	Procentgehalt.
1	Aeq.	Kupferoxyd	40.	40,00.
1	„	Essigsäure	51.	51,00.
1	„	Wasser	9.	9,00.
			100.	100,00.

Diese Verbindung wird erhalten entweder dadurch, dass man Kupferoxydhydrat, kohlensaures Kupferoxyd, oder das zweifach basische essigsaure Kupferoxyd in Essigsäure auflöst oder durch Zersetzung von essigsaurem Kalk, essigsaurem Blei oder essigsaurem Baryt durch schwefelsaures Kupfer und Verdampfen der auf die eine oder andere Art erhaltenen Lösung zur Crystallisation.

Das Salz kommt in zwei Formen vor, in grossen rhombischen Prismen von dunkelgrüner Farbe, welche der Luft ausgesetzt undurchsichtig werden und in schönen dunkelblauen durchsichtigen Crystallen. Die letztere Form erhält man bei der Bereitung aus zweifach basischem essigsaurem Kupferoxyd, welche Crystalle denn auch mit 5M.G.HO. anschiessen.

Das neutrale essigsaure Kupferoxyd löst sich in $13\frac{1}{2}$ Theilen kaltem und 5 Theilen kochendem Wasser mit blaugrüner Farbe; beim Verdampfen verknistert es, bräunt sich ohne zu schmelzen, wobei es die Essigsäure entweichen lässt und sich zuletzt in Kupferoxyd verwandelt.

Die Anwendung dieses Salzes bezieht sich auf Malerei, Kattundruckerei und medicinische Zwecke, ferner wird es zur Darstellung des Schweinfurtergrüns gebraucht.

Darstellung. Von allen den oben angeführten Verfahren gebe ich dem ersteren, dem Auflösen, namentlich des Kupferoxydhydrats, kohlensauren Kupferoxyds in Essigsäure den Vorzug. Das Verfahren ist dabei sehr einfach. Starke Essigsäure wird in einen, innen mit Kupferblech ausgelegten Bottich etwa zur Hälfte desselben eingegossen und sodann unter beständigem Rühren so viel gemahlenes kohlensaures Kupferoxyd hineingethan, bis die Säure gesättigt erscheint. Nach dem Sättigen wird die Flüssigkeit durch Spitzbeutel

78 II. Verarbeitung der Holzsäure auf Essigsäure und essigsaure Salze.

in innen kupferne Abdampfpfannen gebracht und rasch bis zur Crystallisation abgedampft. Während des Abdampfens giebt man der Flüssigkeit von Zeit zu Zeit etwas Säure hinzu, da sie beim Eindampfen gern von ihrem Essigsäuregehalt verliert, und daher die Bildung eines basischen Salzes veranlasst, welches sich aus der Flüssigkeit ausscheidet. Nach dem Eindampfen bringt man die Flüssigkeit in die Crystallisationsgefässe, welche ebenso beschaffen sind, wie diejenigen des Bleizuckers, es sind Holzgefässe, die innen aber natürlich nicht mit Blei wie jene, sondern mit Kupferplatten ausgelegt sind.

Wir wollen hier nochmals betonen, dass zur Fabrikation eine starke Essigsäure verwandt werde, da nur diese eine recht concentrirte Lauge liefern kann, welche sodann nur eine kurze Zeit abgedampft zu werden braucht. Eine schwache Säure liefert dagegen selbstverständlich eine schwache Lauge, welche man längere Zeit der Hitze aussetzen muss, bei welcher Gelegenheit aber sich das Salz leicht zersetzt, indem es, wie erwähnt, ein basisches Salz absetzt. Doch darf die Essigsäure auch nicht zu stark sein, widrigenfalls sie das kohlensaure Kupferoxyd gar nicht vollständig lösen, sondern es sogleich in ein frei crystallinisches essigsaures Kupferoxyd verwandeln würde, welches man dann wieder in Wasser zu lösen hätte, wenn man grosse Crystalle erhalten wollte. Eine Essigsäure von 1,057 spec. Gewicht ist die passendste für diese Verwendung.

Das Abdampfen ist am besten nicht über freiem Feuer, sondern durch Dampf, wie wir das auch beim Bleizucker empfohlen und beschrieben haben, vorzunehmen und, damit die Essigsäure nicht verloren gehen soll, in verschlossenen Gefässen, d. h. in Art von Destillirblasen mit Kupfer. Es geht dann nicht nur die Essigsäure nicht verloren, sondern es findet dann auch keine Verflüchtigung der Kupferdünste in dem Locale statt, was der Gesundheit des arbeitenden Personals sehr nachtheilig wäre.

Als das gewöhnlichste Material als kohlensaures Kupferoxyd, welches man zur Darstellung des erwähnten Salzes verwenden könnte, ist besonders der Malachit und der Kupferlasur zu nennen. In Ermangelung des natürlichen kohlensauren Kupferoxyds bereitet man sich selbst einen solchen. Dies geschieht am vortheilhaftesten durch Zersetzung von schwefelsaurem Kupferoxyd (Kupfervitriol) mit kohlensaurem Natron. Der hierbei entstehende grüne schlammige Niederschlag bildet das kohlensaure Kupferoxyd, während die darüberstehende Flüssigkeit aus schwefelsaurem Natron besteht und als solche z. B. bei der Zersetzung des essigsauren Kalks zu essigsaurem Natron (siehe weiter bei der Bereitung von reiner Essigsäure) benutzt werden kann. Die ganze Masse (kohlensaures Kupferoxyd und schwefelsaures Natron) wird in Spitzbeutel gebracht, welche die Flüssigkeit hindurchlassen und den Niederschlag aufhalten. Um den Niederschlag von der Natronlauge zu befreien, wäscht man ihn mit Wasser, d. h. man giesst auf denselben mehrere Portionen Wasser, welches durch den Beutel hindurchläuft und die Natronlauge mit sich nimmt.

Das so gewonnene künstliche kohlensaure Kupferoxyd braucht nicht etwa erst getrocknet zu werden, um es zu dem erwähnten Zweck brauchbar zu machen, sondern es kann gleich nach der Fällung und dem Waschen dazu benutzt werden und löst sich auch noch im frischen Zustande schneller in der Essigsäure auf.

Was nun die Darstellung des neutralen essigsauren Kupferoxyds mittelst der Fällungsmethode anlangt, so möchte ich die letztere, so bequem sie auch scheint, Niemanden empfehlen. Und das aus folgenden Gründen, die ich hier motiviren will. Es sind besonders zwei Momente in's Auge zu fassen, welche gegen das Einschlagen dieser Methode sprechen.

Erstens um beide Salze, z. B. essigsaures Bleioxyd durch schwefelsaures Kupferoxyd zu zersetzen, müssen sie in verdünnter Lösung angewandt werden; denn ist die Lösung zu concentrirt, so zersetzen sie sich bei weitem nicht vollständig. Eine verdünnte Lösung muss aber wieder längere Zeit abgedampft werden, bis sie den Crystallisationspunkt erreicht. Hierbei zersetzt sich aber ein grosser Theil des neutralen essigsauren Kupferoxyds — man hat also Verlust.

Ein zweiter Umstand ist aber noch der, dass man das essigsaure Kupferoxyd auf diese Methode niemals rein bekommt. Wendet man zur Darstellung Bleizucker an, so wird natürlich schwefelsaures Blei gefällt, während das essigsaure Kupfer in der überstehenden Flüssigkeit enthalten ist. Diese aber löst einen Theil des schwefelsauren Bleies auf, da erwiesener Maassen schwefelsaures Blei in essigsauren Salzen zum Theil löslich ist. Es resultirt also daraus ein bleihaltiges essigsaures Kupfer.

Das Gleiche gilt auch bei der Zersetzung durch essigsauren Kalk; mit letzterem verbindet sich sogar das Kupferoxyd zu einem Doppelsalze, dem essigsauren Kupferoxydkalk, weshalb man sich denn vor einem Ueberschuss an essigsaurem Kalk besonders in Acht nehmen muss.

Wenn nun auch in den meisten Fällen eine kleine Verunreinigung des essigsauren Kupferoxyds mit diesem Körper für technische Zwecke nicht viel schadet, so ist doch noch ein dritter Umstand für den Fabrikanten zu erwägen, dass die essigsauren Salze, die man zur Zersetzung des schwefelsauren Kupferoxydes anwendet, ja erst aus Essigsäure gemacht werden müssen, und dass die dabei gewonnenen Salze schwefelsaures Blei, schwefelsaurer Kalk fast werthlos sind. Es ist also diese Methode auch noch theuer, mithin im Grossen auszuführen durchaus nicht empfehlenswerth.

Zweifach basisch essigsaures Kupferoxyd.

$$2CuO, C^4H^3O^3 + 6HO\,^*).$$

Basisch essigsaures Kupferoxyd, gemeiner Grünspan, auch schlechtweg Grünspan. — *Acetas cupri* oder *cupricus crudus, Aerugo, Viride Aeris* etc. der Pharmaceuten und Aerzte. — Französisch: *Oxyde de Cuivre verd, Verd de gris, Verdet* etc. — Englisch: *Acetate of Copper, Verdigris, Verdegris, Copper rust.* — Italienisch: *Verderame.*

Die basischen Kupferoxydsalze werden alle erhalten, indem man Kupferplatten der Einwirkung von Essigsäure unter Luftzutritt aussetzt. Dies wird nun auf zwei verschiedene Arten bewerkstelligt: entweder, dass man wollene Lappen mit Holzessig tränkt und sie in Kasten abwechselnd mit Kupferplatten übereinander schichtet, oder indem man Weintrester in Essiggährung übergehen lässt und mit diesen die Kupferplatten längere Zeit in Berührung bringt.

In beiden Fällen oxydirt sich das Kupfer, und das Oxyd verbindet sich mit der Essigsäure zu Grünspan, welcher die Platten allmählig als dicke Kruste überzieht, die man sodann mit kupfernen Messern abkratzt.

Die erstere Methode wird hauptsächlich in England, oder auch in Deutschland und Schweden befolgt, während die letztere vorzüglich in Frankreich und Belgien vertreten wird. Jede dieser Methoden bringt ein von der anderen verschiedenes Product hervor, welches sich sowohl äusserlich, als auch in chemischer Zusammensetzung unterscheidet und daher auch im Handel unter getrennten Namen cursirt.

Der vermittelst Holzsäure bereitete Grünspan ist im Handel unter dem Namen „englischer" oder „grüner Grünspan" bekannt. Derselbe ist von rein grüner Farbe und bildet eine gleichförmige crystallinische Masse. Seine Formel ist: $2\,(CuO, HO) + (CuO, AcO^3)$ oder

---

*) Doch trifft diese Formel aus weiter angeführten Gründen nicht immer zu.

(CuO,HO) + (CuO,AcO³) + 5 aq. oder er besteht aus einem Gemenge dieser beiden Salze.

Der durch Gährung von Weintrestern dargestellte Grünspan führt den Namen „französischer" oder „blauer Grünspan"; er ist von blaugrüner Farbe und bildet eine harte bröckelige Masse, die aus kleinen Schüppchen zusammengesetzt erscheint. Die Formel ist: (CuO,HO) + 2 (CuO,AcO³) + 5 aq. Die durchschnittliche procentische Zusammensetzung beider Grünspansorten ist folgende:

	Franz. Grünspan.	Engl. Grünspan.
Kupferoxyd	43,50.	44,25.
Essigsäure	29,30.	29,62.
Wasser	25,20.	25,51.
Verunreinigungen	2,00.	0,62.
	100,00.	100,00.

Aus der eben angeführten Zusammensetzung ersieht man, dass der englische Grünspan fast ganz rein ist. Dennoch ist aber der französische höher im Preise, was wohl darin liegen mag, dass er als Malerfarbe ausgiebiger ist.

Der gemeine Grünspan löst sich nur zum kleinen Theil in Wasser, dagegen fast vollständig in verdünnter Essigsäure und in einer Auflösung von kohlensaurem Ammoniak. Eiweiss, Blut und Milch wird von Grünspan coagulirt, und es scheidet sich bei der Gelegenheit das Kupferoxyd aus. Ebenso reduciren auch zuckerhaltige Substanzen (Honig etc.) den Grünspan zu Kupferoxyd, besonders bei Anwendung von Wärme.

Der Grünspan wird sehr häufig von den Fabrikanten mit Schwerspath, Bimstein, Kreide, schwefelsaurem Kupfer und dergl. verfälscht. Die Anwendung des gemeinen Grünspans ist dieselbe, wie die des vorigen; doch wird dieser häufiger als der crystallisirte, namentlich als Malerfarbe benutzt.

Darstellung. Wir berücksichtigen hier natürlich nur das Verfahren vermittelst Holzsäure. Es ist sehr einfach, aber langweilig. In viereckige Kasten von beliebiger Grösse werden abwechselnd Kupferplatten und mit Holzsäure getränkte Lappen übereinander geschichtet und zwar so, dass auf den Boden des Kastens zuerst eine Lage Lappen, auf diese das Kupfer, auf die Kupferplatten wiederum Lappen und so fort kommen.

Die zu diesem Behufe anzuwendenden Kupferplatten werden aus Kupferbarren ausgeschlagen und in Stücke von ein Fuss Länge und ein halb Fuss Breite geschnitten. Ehe man die Kupferplatten zu schichten anfängt, müssen sie in eine Auflösung von basischem oder neutralem essigsaurem Kupferoxyd in sehr verdünnter Essigsäure getaucht und über Holzkohlenfeuer ausgetrocknet werden, wobei sie auf etwa 95⁰ C. zu erhitzen sind. Die Lappen, die man zum Aufschichten benutzt, müssen aus grobem ͏lanell sein. Dieselben werden alle drei bis vier Tage auf's Neue mit destillirter Holzsäure befeuchtet, bis die Bildung von kleinen grünen Crystallen begonnen hat. Wenn dieser Zeitpunkt eingetreten, wird ein Theil der Lappen entfernt, und die Platten werden durch untergelegte Holzstückchen so geschichtet, dass sie mit der Luft gehörig in Berührung kommen. Von nun an werden die so geschichteten Platten wöchentlich oder besser alle fünf Tage mit Wasser befeuchtet. Auf diese Weise häufen sich die Crystalle immer mehr, bis sie nach etwa sechs bis acht Wochen die Kupferplatten vollständig in dicker Lage als Rinde überziehen. Sodann werden die Platten herausgenommen und über einem Tuch mit kupfernen Messern abgekratzt. Die alten Kupferplatten werden so lange benutzt, bis sie vollständig zerfressen sind.

Der abgekratzte Grünspan wird sodann mit etwas schwacher Säure oder auch blossem Wasser zu einem dicken Brei angerührt und in Säcke fest eingestampft, welche nun der Sonnenwärme ausgesetzt werden, bis der Grünspan eine trockne und feste Masse darstellt.

Essigsaures Manganoxydul.
$MnO, C^4H^3O^3$.

Essigsaures Mangan, essiggesäuerter Braunstein. — *Manganum oxydulatum aceticum, Manganum aceticum* der Pharmaceuten und Aerzte. — Französisch: *Acétate de Manganèse, Manganèse acétique*. — Englisch: *Acetate of Manganese*. — Italienisch: *Maganese acetoso*.

	Atomgewicht.	Procentgehalt.
1 Aeq. Manganoxydul	28.	41,38.
1 „ Essigsäure	51.	58,62.
1 Aeq. essigsaures Manganoxydul	79.	100,00.

Das essigsaure Manganoxydul erhält man entweder durch Auflösen von kohlensaurem Manganoxydul in Essigsäure oder durch Zersetzung einer Lösung von schwefelsaurem Manganoxydul und essigsaurem Kalk oder essigsaurem Bleioxyd. Die auf die eine oder andere Art erhaltene Flüssigkeit wird bis zur nöthigen Concentration eingedampft und der Crystallisation ausgesetzt.

Essigsaures Manganoxydul.

Die erhaltenen Crystalle bilden in den meisten Fällen rhombische Prismen von amethystrother Farbe, sind luftbeständig und lösen sich in $3\frac{1}{2}$ Theilen Wasser, sowie auch in Alcohol auf.

Darstellung. Im Grossen stellt man das Salz am vortheilhaftesten durch Zersetzung von schwefelsaurem Manganoxydul mit essigsaurem Kalk und Bleioxyd dar. Das Zersetzen der beiden Salze wird auf die Art vorgenommen, wie wir es beim essigsauren Eisenoxydul beschrieben haben. Man wendet nämlich keinen fertigen essigsauren Kalk an, sondern man bereitet sich eine essigsaure Kalkflüssigkeit mittelst Sättigung der destillirten Holzsäure mit Kalk. Da aber das schwefelsaure Manganoxydul sich nicht vollständig durch essigsauren Kalk zersetzt, so muss man gegen Ende der Fällung eine concentrirte Lösung von Bleizucker anwenden; diese zersetzt das schwefelsaure Manganoxydul vollkommen. Die Flüssigkeit wird dann ruhig stehen gelassen, und nachdem sie sich geklärt hat, in die Abdampfpfanne decantirt. Die Abdampfpfanne kann die Einrichtung haben, wie sie bei dem neutralen essigsauren Kupferoxyd beschrieben wurde.

Der in dem Füllungsgefäss zurückgebliebene Bodensatz, bestehend aus schwefelsaurem Kalk und schwefelsaurem Blei, wird mit etwas Wasser durchgerührt und in Spitzbeutel zum Abfiltriren der Flüssigkeit gebracht. Die durchfiltrirte Flüssigket kommt zu der Hauptlauge in die Abdampfpfanne. Nachdem die Flüssigkeit zur Crystallisation eingedampft ist, bringt man sie in die Crystallisirschiffe, die ebenso eingerichtet werden, wie diejenigen für das neutrale essigsaure Kupferoxyd, weshalb wir auch auf den Artikel verweisen.

Da das schwefelsaure Manganoxydul, welches man, wie erwähnt, zur Darstellung des essigsauren Manganoxyds bedarf, nicht besonders vortheilhaft aus den chemischen Fabriken zu beziehen ist, so halten wir es für erforderlich, hier zugleich eine Anweisung zur Fertigung des Salzes zu geben.

Man stellt das schwefelsaure Manganoxydul dar, indem man zwei Theile fein gepulvertes Manganhyperoxyd (Pyrolasit, reiner Braunstein) mit einem Theile concentrirter Schwefelsäure in einem irdenen feuerfesten Gefäss anrührt und die Mischung allmählig bis zum schwachen Glühen so lange erhitzt, bis Dämpfe aufgehört haben zu entweichen.

Durch das Glühen wird der Sauerstoff zur Hälfte ausgetrieben und schwefelsaures Manganoxydul gebildet. Nachdem die Masse erkaltet ist, zieht man sie mit Wasser aus, filtrirt die Flüssigkeit durch Spitzbeutel und dampft sie zur Crystallisation ab.

Essigsaures Natron.
$NaO, C^4H^3O^3$.

Essigsaure Sode. — *Natrum aceticum, Aretas natricus*, auch wiewohl veraltet, *Terra foliata Tartari crystallisata* der Pharmaceuten und Aerzte. — Französisch: *Acétate de soude, acétite de Soude.* — Englisch: *Acetate of Natron.* — Italienisch: *Natro acetoso.*

	Atomgewicht.	Procentgehalt.
1 Aeq. Natron	31.	37,8.
1 „ Essigsäure	51.	62,2.
1 Aeq. Essigsaures Natron	82.	100,0.

Man erhält das essigsaure Natron entweder, indem man kohlensaures Natron in Essigsäure löst, oder indem man kohlen- oder schwefelsaures Natron mit essigsaurem Kalk oder essigsaurem Bleioxyd zerlegt und die Flüssigkeit zur Crystallisation eindampft.

Das Salz crystallisirt in durchsichtigen, gestreiften, schiefen, rhombischen Prismen, welche im gereinigten Zustande geruch- und farblos sind. Es verwittert an der Luft, besitzt einen angenehmen, salzigen, kühlen Geschmack und löst sich leicht in zwei bis drei Theilen kaltem, in der Hälfte warmem Wasser auf, desgleichen auch in fünf Theilen Alcohol. Bei 100° C. schmilzt das Salz in seinem Crystallwasser, welches es allmählig verliert. Das so erhaltene wasserleere Salz ist weiss und geräth bei fortgesetztem Erhitzen bei 250° C. in feurigen Fluss, der ein öliges Aussehen annimmt. Erst bei 315° C. zersetzt es sich, indem es alle Essigsäure verliert und zu kohlensaurem Natron wird.

Die Verwendung des essigsauren Natrons ist eine grosse. Es dient besonders in grosser Menge zur Darstellung von reiner Essigsäure; auch in der Arzneikunde wird es gebraucht.

Darstellung. Wir haben schon oben angeführt, dass es zwei Methoden zur Darstellung des Salzes giebt. Eine directe durch Sättigung des kohlensauren Natrons mit Essigsäure und die Fällungsmethode. Zur letzteren wird vorzüglich essigsaurer Kalk und schwefelsaures Natron angewandt.

Wir begreifen es wirklich nicht, wie manche Fabrikanten sich noch dieser veralteten Methode bedienen können. Dieselbe ist in jeder Beziehung unpractisch. Sie liefert nicht nur in den allermeisten Fällen ein chemisch unreines Salz, selbst wenn man auch keinen Bleizucker, sondern essigsauren Kalk angewandt hat, indem es in letzterem Falle gewöhnlich entweder unzersetztes schwefelsaures Natron oder unzersetzten essigsauren Kalk enthält, sondern es ist dies Verfahren auch unökonomisch und weitläufig. Unökonomisch, weil man essigsauren Kalk anwendet, den man erst darzustellen hat. Denn eine essigsaure Kalkflüssigkeit direct aus Holzsäure und Kalk bereitet, zur Zersetzung anzuwenden, ist unstatthaft, da dadurch der Zweck verfehlt wird, denn diese Flüssigkeit enthält ja alles Empyreuma der Holzsäure. Die Zersetzung mit essigsaurem Kalk soll ja eben dadurch, dass der Kalk geröstet wurde, bewirken, dass das essigsaure Natron möglichst frei von empyreumatischen Substanzen gewonnen werde. Allein der essigsaure Kalk kann, wenn er aus Holzsäure bereitet wurde, bekanntlich nie ganz frei von harzartigen Substanzen dargestellt werden (vergl. S. 53), mithin erhält also das essigsaure Natron gleichfalls die Verunreinigungen des essigsauren Kalkes, wenigstens zum grössten Theil, und muss daher nothwendig einer mindestens einmaligen, in den meisten Fällen aber zweimaligen Calcination unterworfen werden. Zu allen diesen unpractischen Seiten, welche die Fällungsmethode mit sich bringt, gesellt sich auch noch der Umstand, dass, wenn man z. B. essigsauren Kalk zur Zersetzung verwandte und diesen in Ueberschuss hinzuthat, — was bei dem Hin- und Herprobiren, welches diese Methode mit sich bringt, sehr häufig vorkommt — die essigsaure Natronflüssigkeit sehr schwer zum Crystallisiren zu bringen ist, da der essigsaure Kalk dieses verhindert. Wir wollen uns daher bei dieser Methode nicht aufhalten, sondern zu derjenigen durch Sättigung der Essigsäure mit kohlensaurem Natron übergehen.

Die Darstellung des essigsauren Natrons vermittelst essigsauren Kalkes und schwefelsauren Natrons ist nur dann statthaft, wenn man rohen (braunen) essigsauren Kalk verwendet, den man etwa bei der Verkohlung des Holzes in Meilern gewonnen hat. Dann rentirt es sich freilich. (Siehe die Schlussbemerkungen).

Bei dieser Darstellungsweise, durch Sättigung der Essigsäure mit kohlensaurem Natron, verfährt man im Wesentlichen ganz ebenso, wie bei der Darstellung des essigsauren Kali's. In einen zur Hälfte mit destillirter Holzsäure angefüllten Bottich thut man allmählig in kleinen Portionen und unter stetem Umrühren kohlensaures Natron hinein, so lange bis die Säure vollständig neutralisirt erscheint. Nach der Neutralisation wird die durch Spitzbeutel (Fig. 10.) filtrirte Flüssigkeit in die Vorsiedepfanne und in den Abdampfkessel gebracht. Der Kessel wird aus Gusseisen fabricirt, ist am besten drei Fuss tief und sechs Fuss im Durchmesser zu wählen, sein Boden wird convex, jedoch nicht zu sehr, gemacht. Der Kessel wird in einem Ofen aus gewöhnlichen Backsteinen so eingemauert, dass ihn das Feuer blos am Boden oder höchstens zur Hälfte an den Seiten berührt. Windungen sind also in Folge dessen nicht anzubringen. In demselben Ofen, etwas höher als der Kessel, wird eine sechs Fuss breite, zehn Fuss lange und zwei Fuss tiefe Vorsiedepfanne eingemauert. Die ganze Einrichtung gleicht der auf Seite 61, Fig. 11. gegebenen.

Nach der Füllung dieser Einsiedegefässe wird in dem Ofen sogleich Feuer angemacht und die Flüssigkeit im Kessel zum mässigen Kochen, in der Vorsiedepfanne aber nur zum Verdunsten, ohne zu kochen, gebracht. Nach dem Maasse, wie die Flüssigkeit im Kessel eingekocht ist, wird durch einen Hahn heisse Flüssigkeit aus der Vorsiedepfanne hinzugelassen und damit so lange successive fortgefahren, bis man die Voraussicht hat, dass beim weiteren Eindampfen der Kessel zu $2/3$ oder wenigstens zur Hälfte mit Salz versehen sein wird. Selbstverständlich ist es, dass nach dem Maasse, wie man die Flüssigkeit aus der Vorsiedepfanne in den Kessel ablässt, erstere Pfanne wieder mit frischer Flüssigkeit gefüllt wird.

In dem Eindampfkessel wird die Flüssigkeit nun bis zur Trockne verdampft. Sodann steigert man die Temperatur, damit das Salz in Fluss geräth. Ist dies geschehen und hat es zu schäumen aufgehört, auch ein ölartiges Aussehen angenommen, so wird das Feuer von dem Kessel sogleich abgesperrt (vergl. S. 75) und das Salz dem Abkühlen überlassen.

Nachdem das Salz fast erkaltet ist, wird in den Kessel etwa bis zu $3/4$ seines Raumes Wasser eingegossen und das Salz bei gelindem Feuer gelöst. Nach dem Lösen wird die Flüssigkeit filtrirt und nach beendigter Filtration in die Crystallisationsschiffe gebracht.

Die Crystallisationsschiffe sind ebenso eingerichtet, wie diejenigen für den Bleizucker, weshalb wir auf den Artikel (S. 59) verweisen.

Nach drei bis fünf Tagen wird die Mutterlauge von den Crystallen abgelassen, weiter verdampft und wieder der Crystallisation ausgesetzt, und so fortgefahren, bis die Mutterlauge keine Crystalle mehr liefert, in welchem Falle sie dann zur Trockne eingedampft, calcinirt und dann abermals in Wasser gelöst und crystallisirt wird.

In der Regel ist das Salz durch eine einmalige Calcination noch nicht ganz farblos und frei von allen empyreumatischen Beimengungen. Um es ganz rein zu haben, bringt man die Crystalle in den Abdampfkessel, lässt sie hier anfangs in ihrem Crystallwasser schmelzen und calcinirt nochmals.

Nach der zweiten Calcination ist es gewöhnlich so weit rein, dass es nach der Crystallisation ein Product liefert, welches auch zu medicinischen Zwecken verwandt werden kann.

Es bleibt uns hier noch zu bemerken, dass das Calciniren mit Vorsicht zu betreiben ist, dass man die Masse, sobald sie zum zweiten Male in Fluss kommt, ja nicht länger einer höheren Temperatur aussetzt, in welchem Falle sich das Salz unter Entweichenlassen der Essigsäure zersetzt und man nur kohlensaures Natron mit Kohle erhält. Weisse, aus dem geschmolzenen Salze aufsteigende Dämpfe sind das Zeichen der eintretenden Zersetzung; dann muss aber auch das Feuer sogleich entfernt werden, um wenigstens einen Theil des Salzes noch zu retten.

Wenn das Salz in Fluss gerathen, muss man es recht wohl rühren, damit jeder Theil einer gleichmässigen Hitze ausgesetzt wird und dadurch alle theerigen Theile verkohlt werden.

Essigsaure Thonerde.

$Al^2O^3, 3C^4H^3O^3$.

Essigsaure Alaunerde, Essigalaun. — Rothbeize, Thon- oder Alaunbeize der Färber. — Französisch: *Acétate* oder *Acétite d'alumine, Acétate alumineux.* — Englisch: *Sesquiacetate of alumina.* — Italienisch: *Allume acetoso.*

	Atomgewicht.	Procentgehalt.
1 Aeq. Thonerde	52.	25,366.
3 „ Essigsäure	153.	74,634.
1 Aeq. essigsaure Thonerde	205.	100,000.

Die essigsaure Thonerde wird durch Zersetzung einer Lösung von schwefelsaurer Thonerde mit essigsaurem Baryt und Verdampfenlassen der Flüssigkeit bis zur Trockne dargestellt. Die Verbindung crystallisirt nicht, sondern bildet eine gummiartige glänzende Masse, welche zusammenziehend schmeckt, an der Luft sehr leicht zerfliesst und sich im Wasser sogleich löst. Der Hitze ausgesetzt, verliert es einen Theil seiner Säure und verwandelt sich in ein basisches Salz, die basisch essigsaure Thonerde. In höherer Temperatur lässt es alle Essigsäure entweichen, und es bleibt reine Thonerde zurück.

Die essigsaure Thonerde wird ausserordentlich viel in der Kattundruckerei gebraucht und in den Handel in flüssiger Form gebracht.

Die im Handel vorkommende, für die Kattundruckereien bestimmte Thonerde ist übrigens keine reine Thonerde, und wird auch, wie wir gleich unten sehen werden, anders als oben angegeben bereitet, woher denn auch die angeführte chemische Zusammensetzung auf diese nicht anzuwenden ist.

Darstellung. Für technische Zwecke wird die essigsaure Thonerde durch Zersetzen von essigsaurem Kalk oder essigsaurem Bleioxyd mit schwefelsaurer Thonerde oder mit Alaun bereitet. Stellt man das Salz vermittelst essigsauren Kalkes dar, so löst man letzteren in Wasser, filtrirt die Lösung durch Beutel und schüttet nun nach der Filtration in dieselbe allmählig unter stetem Rühren pulverisirten Alaun, so lange bis kein Niederschlag mehr entsteht. Nach beendigter Zersetzung lässt man die Flüssigkeit ruhig stehen und nach gehöriger Klärung decantirt man sie von dem aus schwefelsaurem Kalk bestehenden Bodensatze in die für's Eindampfen bestimmten Gefässe.

Diese Gefässe sind am zweckmässigsten ganz ebenso einzurichten, wie wir sie beim Eindampfen von essigsaurem Natron beschrieben (Seite 85). In diesen wird sie bis zum specifischen Gewicht von 1,100 eingedampft. Nach dem Eindampfen lässt man das Product etwa acht Stunden stehen, während welcher Zeit es erkaltet und noch etwas schwefelsauren Kalk absetzt. Von diesem wird es abermals decantirt und auf Fässer, am besten eichene, gezogen.

Die durch essigsauren Kalk dargestellte essigsaure Thonerde enthält stets entweder unabgeschiedenen schwefelsauren Kalk oder unzersetzten essigsauren Kalk, welche beiden Salze die Schönheit und den Glanz der Farben beeinträchtigen, weshalb denn natürlich der Werth einer aus essigsaurem Kalk dargestellten Alaunbeize bedeutend verringert wird. Es ist daher die Darstellung der essigsauren Thonerde vermittelst essigsauren Bleioxydes durchaus vorzuziehen, wenn es auch natürlich dem Fabrikanten theurer zu stehen kommt.

Man verfährt hierbei am besten auf nachstehende Art, wodurch man eigentlich eine basische und mit fremden Salzen verunreinigte, aber für die Kattundrucker sehr passende Verbindung darstellt. Man löst 100 Theile Alaun in 500 Theilen heissem Wasser am besten auf die Art, dass man aus dem Dampfkessel in die den Alaun und in diesem Fall kaltes Wasser enthaltenden Geschirre heisse Dämpfe einströmen lässt. Nachdem der Alaun aufgelöst wurde, lässt man die Flüssigkeit so weit abkühlen, dass der Alaun noch aufgelöst bleiben kann, sodann setzt man zehn Theile kohlensaures Natron und bald darauf 100 Theile gepulverten Bleizucker unter stetem Umrühren hinzu. Die überstehende Flüssigkeit, die aus basisch essigsaurer Thonerde, schwefelsaurem Kali und schwefelsaurem Natron besteht, wird nun nach dem Abstehen von dem Bodensatze, welcher aus schwefelsaurem Blei besteht, in die oben angegebenen Abdampfgeschirre abgezogen und bis zum spec. Gewicht von 1,100 eindampft. Nach dem Eindampfen aber wird das Product, wie vorhin angegeben, auf eichene Fässer gezogen und im Keller aufbewahrt.

Essigsaures Zinkoxyd.

$ZnO, C^4H^3O^3$.

Essigsaures Zink schlechtweg. — *Zincum oxydatum aceticum, Zincum aceticum, Acetas zincicus* etc der Pharmaceuten und Aerzte. — Französisch: *Acétate de Zinc*. — Englisch: *Acetate of Zink*. — Italienisch: *Zinco acetoso*.

	Atomgewicht.	Procentgehalt.
1 Aeq. Zinkoxyd	40,5.	44,27.
1 „ Essigsäure	51,0.	55,73.
1 Aeq. essigsaures Zinkoxyd . .	91,5.	100,00.

Das Salz wird erhalten entweder durch Auflösen von Zinkoxyd (Zinkblüthen) in Essigsäure oder durch Zersetzung einer Lösung von essigsaurem Kalk, essigsaurem Bleioxyd mit einer Lösung von schwefelsaurem Zinkoxyd (Zinkvitriol) und Verdampfenlassen bis zur Crystallisation.

Es crystallisirt in weissen, fettglänzenden, niedrigen, schiefen, rhombischen, 2- und 1 gliedrigen Säulen, oder in feinen biegsamen, blättrigen oder schuppenförmigen Crystallen, welche an der Luft verwittern und in Wasser und Alcohol leicht löslich sind.

Man wendet dieses Salz in den Kattundruckereien an, um dem Zeuge helle, feurige Farben zu geben. Auch in der Medicin findet es Anwendung.

Darstellung. Für die Darstellung im Grossen ist die Fällungsmethode, und zwar der Wohlfeilheit halber, diejenige mit essigsaurem Kalk vorzuziehen. Man verfährt dabei ganz ebenso, wie bei der Bereitung des essigsauren Eisenoxyduls mittelst essigsauren Kalkes, und achtet darauf, dass weder von der einen, noch von der anderen Salzlösung ein Ueberschuss hinzukommt.

Das Verdampfen der Lösung zur Crystallisation geschieht am

zweckmässigsten in Zinkpfannen vermittelst Dampf, wie dies bei der Bleizuckerfabrikation beschrieben wurde; die Crystallisation des Salzes gleichfalls in innen mit Zinkplatten belegten hölzernen Schiffen.

Essigsaures Zinnoxydul.

SnQ, AcO^3.

Essigsaures Zinn, Mynsicht's Zinnsalz. — *Stannum aceticum oxydulatum, Stannum aceticum, Acetas stanni, Sal Jovis Mynsichti* der Pharmaceuten und Aerzte. — Französisch: *Acétate d'étain, Sal d'étain de Mynsicht.* — Englisch: *Acetate of tin.* — Italienisch: *Stagno acetoso.*

Das essigsaure Zinnoxydul erhält man durch Auflösen von Zinnoxydul oder metallischem Zinn in Essigsäure oder durch Zersetzung von Zinnchlorür (Zinnsalz) mit essigsaurem Kalk oder Bleioxyd.

Das Salz bildet farblose nadelförmige Crystalle, welche der Luft ausgesetzt sehr leicht eine höhere Oxydation erleiden.

Es wird in der Färberei und Kattundruckerei gleichfalls wie das essigsaure Zinkoxyd zur Erzeugung heller feuriger Farben gebraucht. Auch wurde es in früheren Zeiten in der Arzneikunde angewandt.

Darstellung. Im Grossen stellt man es am Vortheilhaftesten durch Zersetzung von Zinnchlorür (Zinnsalz) mittelst essigsauren Kalkes dar. Man verfährt hierbei ganz ebenso wie bei der Darstellung des essigsauren Zinkoxydes. Das Abdampfen und Crystallisiren geschieht in zinnernen oder verzinnten Gefässen. Das Salz muss vor Luftzutritt besonders sorgfältig verwahrt werden, da es sich sehr leicht zersetzt. Man halte daher keine grossen Vorräthe desselben, sondern bereite es lieber auf Bestellung.

Hier wollen wir noch die Darstellung des Zinnchlorürs anführen, welches man zur Bereitung des essigsauren Zinnoxydules benöthigt.

Das Verfahren der Bereitung ist sehr einfach. Es ist weiter nichts als ein Auflösen von Zinn in Chlorwasserstoffsäure (Salzsäure). Um die Auflösung des Zinns zu beschleunigen, wird dasselbe in kleine, etwa $\frac{1}{2}$ Zoll grosse Stücke geschnitten. Hat sich die Salzsäure vollkommen mit Zinn gesättigt, so ist die Flüssigkeit ohne Weiteres — ohne Eindampfen und Crystallisirenlassen — zur Darstellung des essigsauren Zinnoxydules zu verwenden.

Essigsäure, Acetylsäure.

$HO, C^4H^3O^3$.

Acidum aceticum der Pharmaceuten und Aerzte. — Französisch: *Acide acétique, Acide du vinaigre.* — Englisch: *Acetic acid.* — Italienisch: *Acido di vinagro.*

			Atomgewicht.	Procentgehalt. (des Hydrats.)
4 Aeq.	Kohlenstoff	...	24.	40.
3 „	Wasserstoff	...	3.	5.
3 „	Sauerstoff	....	24.	40.
1 „	Wasser	.....	9.	15.
1 Aeq.	Essigsäure	....	60.	100.

Die Essigsäure kommt in der Natur vielfach fertig gebildet vor. Meist gebunden an Basen, als essigsaure Salze in dem Pflanzenreiche, namentlich in dem Safte sehr vieler Bäume und Sträucher, aber auch häufig im Thierreich, frei z. B. im Schweisse, im krankhaften Eiter, Blute, im Magensaft u. s. w.

Sie bildet sich auf die mannigfachste Art, vorzüglich durch die Oxydation oder Cremacansie des Alcohols und trockne Destillation von Kohlenhydraten, besonders des Holzes. In beiden Fällen erhält man sie aber im verdünnten Zustande, woher sie denn im gemeinen Leben mit dem Namen Essig belegt wird, und zwar die aus Alcohol oder alcoholhaltigen Flüssigkeiten, wie Wein, Bier u. s. w. erhaltene Essigsäure führt den Namen des Products, woraus sie dargestellt wurde, nämlich Branntwein-, Wein-, Bier- etc. Essig, die aus Holz dargestellte, den Namen Holzessig, von dem schon Seite 6 die Rede war.

Die concentrirte Essigsäure kann indess nur durch Zersetzung irgend eines essigsauren Salzes mit einer mineralischen Säure erhalten werden.

Die reine Essigsäure oder das Essigsäurehydrat, der sogenannte Eisessig, *Acidum aceticum glaciale* der Pharmaceuten und Aerzte, ist eine farblose, wasserhelle Flüssigkeit von 1,063 spec. Gewicht, äusserst stehendem Geruch und ätzend scharfem, rein saurem Geschmack. Sie siedet zwischen 117 und 119° C., unter $+ 17°$ C. erstarrt sie zu einer blättrig crystallinischen Masse (daher der Namen Eisessig). Ihr Dampf ist brennbar, mit blassblauer Flamme. Aus der Luft zieht sie Feuchtigkeit an und mischt sich unter Wärmeentwickelung und Verdichtung in jedem Verhältniss mit Wasser, so wie Alcohol. Sie löst manche Metalle und Metalloxyde, ferner Camphor, ätherische Oele, manche Harze, Albuminate und beim Kochen auch Phosphor.

Die Anwendung der Essigsäure wurde schon früher, Seite 7, erwähnt. Sie spielt in der Färberei, Kattundruckerei, Photographie, Chemie, Parfümerie (zum Auflösen ätherischer Oele), in der Arzneimittellehre, in der Küche u. s. w. eine wichtige Rolle.

Darstellung. Zur Gewinnung der Essigsäure im Grossen dienen hauptsächlich nur zwei essigsaure Salze: essigsaures Natron und essigsaurer Kalk. Die Anwendung von Bleizucker oder neutralem essigsaurem Kupferoxyd ist schon längst, als aus vielen Gründen unzulässig, in Wegfall gekommen.

Die Anwendung des einen oder des anderen Salzes hängt ganz davon ab, eine wie reine Essigsäure man erhalten will. Eine aus gut calcinirtem essigsaurem Natron dargestellte Essigsäure ist vollkommen frei von Empyreuma, während eine aus essigsaurem Kalk erhaltene Essigsäure, wenn der Kalk auch noch so gut geröstet wurde, stets einen etwas penetranten Geruch und Geschmack besitzen wird.

Bei der Fabrikation wird es ganz darauf ankommen, zu welchem Zwecke man die Essigsäure später verwenden will. Soll sie zur Darstellung von Bleizucker oder neutralem essigsaurem Kupferoxyd benutzt werden, so ist diejenige aus essigsaurem Kalk vollkommen tauglich. Soll sie indess für pharmaceutische Zwecke, zum Gebrauch in der Photographie, Parfümerie u. s. w. verwandt werden, so wird man sie aus essigsaurem Natron darstellen müssen.

Zur Zersetzung eines dieser essigsauren Salze benutzt man am besten eine kupferne Blase mit Helm (Fig. 14.). Die Blase selbst wird aus dickem Blech verfertigt, der Helm aber am zweckmässigsten aus Zinn. Sie braucht in den meisten Fällen nicht mehr als sechs Centner Flüssigkeit zu fassen. Die Kühlröhre (Fig. 14. *a*.) wird aus Blei gemacht; es reicht eine, aber recht lange, in den meisten Fällen aus. Der Helm muss in die Blase ein wenig eingreifen, zugleich aber einen kleinen Rand besitzen, welcher auf den Rand der Blasenöffnung passt, damit man die Spalten besser zu lutiren im Stande ist. Der Helm besitzt einen Schnabel (Fig. 14. X.), dessen Durchmesser fünf Zoll betragen muss; an denselben wird die Kühlröhre (Fig. 14. *a*.) angesetzt, so dass der Schnabel in dieselbe mindestens einen Zoll tief eingreift. Als Kühlgefäss dient entweder ein rundes oder besser ein ovales Fass, oder endlich ein viereckiger, langer, wasserdichter Kasten aus Kiefernholz, durch welche Gefässe

Fig. 14.

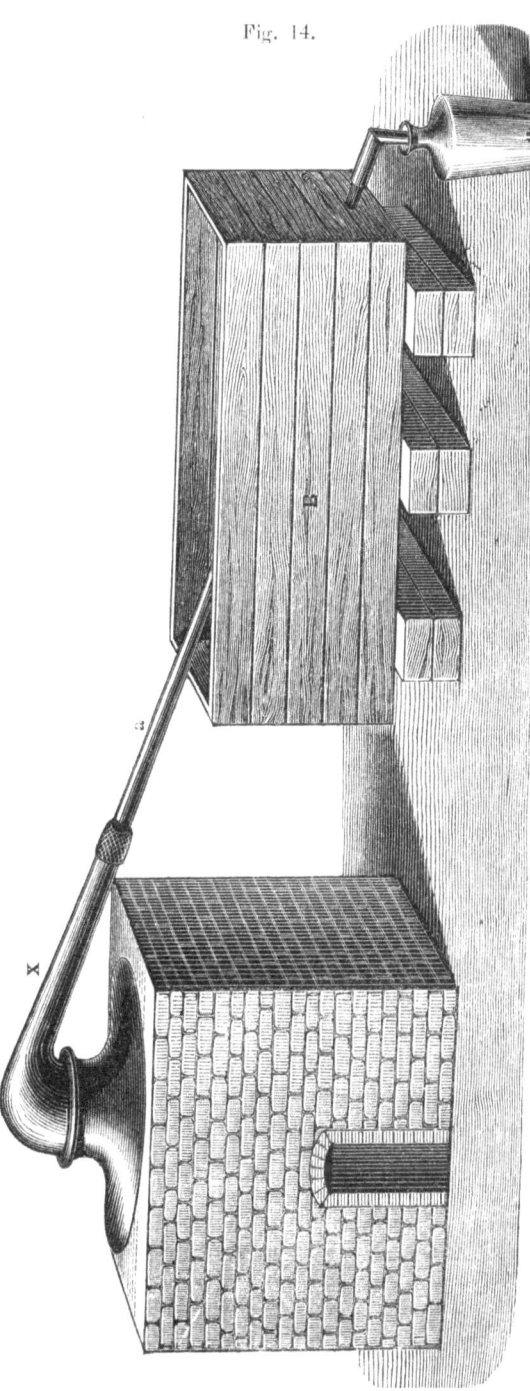

nun die Kühlröhre durchgeht. (Fig. 14. *B*.). Die Blase wird in dem Ofen derart eingemauert, dass nur ihr Boden erhitzt wird, und damit dieser dem Feuer nicht zu sehr ausgesetzt wird, bringt man vor dessen Boden ein Gewölbe von Chamottsteinen an. Die Destillation wird nun folgendermassen ausgeführt: Das betreffende gepulverte essigsaure Salz bringt man zuerst in die Blase, darauf giesst man die mineralische Säure, rührt beide Körper so gut es angeht mit einem hölzernen Rührer um, setzt den Helm, nachdem man seinen Rand mit Kitt, bestehend aus Kalk und Mehl (vergl. Seite 46), beschmiert hat, auf, verbindet sodann seinen Schnabel mit dem Kühler, lutirt weiter und macht endlich ein gelindes Feuer unter dem Kessel an.

Die verschiedenen Sorten und Verhältnisse, deren man sich an Salz und der dasselbe zersetzenden Säure bedient, richten sich nach der Güte und Stärke der darzustellenden Essigsäure. Will man eine Essigsäure zur Darstellung essigsaurer Salze bereiten, so nimmt man auf 100 Theile essigsauren Kalk, 90 bis 95 Theile Salzsäure von 1,16 spec. Gewicht*); oder besser 100 Theile essigsauren Kalk, 90 bis 95 Theile Salzsäure und 25 Theile Wasser, wodurch sich die Essigsäure besser von dem gebildeten Chlorcalcium abdestilliren lässt. Nach dem ersteren Verhältniss erhält man eine Essigsäure von 1,058 bis 1,061 spec. Gewicht, was fast acht Grad Beaumé ausmacht, oder einen Gehalt von 38 bis 40^0 wasserfreie Essigsäure andeutet. Nach dem zweiten Verhältniss erhält man eine Essigsäure von 7^0 Beaumé oder spec. Gewicht 1,050, was 31 Procent von wasserfreier Essigsäure ausmacht. An Quantität der letzteren Sorte erhält man etwa 95 bis 100 Pfund.

Die Destillation setzt man so lange fort, bis die überdestillirte Flüssigkeit keinen sauren oder scharfsauren Geschmack mehr wahrnehmen lässt.

Die auf diese Weise erhaltene Essigsäure ist für die meisten technischen Zwecke ohne Weiteres geeignet.

Sollte sie indess noch etwas gefärbt und brenzlich riechend erscheinen, so destillirt man sie über zwei bis drei Procent doppelt chromsaurem Kali. Auf diese Art wird sie völlig farblos und von fremdartigem Geruch, so wie von der Salzsäure, die häufig mit übergeht, gänzlich befreit. Auch ihr Geschmack wird nur wenig brenzlich sein.

Der anzuwendende essigsaure Kalk kann ein aus rectificirter Salzsäure dargestellter, dessen Fabrikation wir S. 47 angaben, oder auch ein aus roher Holzsäure fabricirter sein, den man sich aber dann eigens zu diesem Zweck darstellt. Zu diesem Behufe wird die rohe, jedoch, wie auf S. 43 angegeben, filtrirte Holzsäure mit Kalk (gleichfalls wie auf S. 47 erwähnt) bis zur Neutralisation versetzt, und nach

---

*) Bei der Darstellung der Essigsäure aus essigsaurem Kalk wird daher keine Schwefelsäure zur Zersetzung angewandt, weil sich schwefelsaurer Kalk bilden würde, welcher unlöslich ist und die Essigsäure von demselben nur schwer abzudestilliren wäre; die Salzsäure dagegen löst den essigsauren Kalk unter Bildung von Chlorkalium vollkommen auf, wodurch die Essigsäure mit Leichtigkeit abdestillirt wird.

dem Absetzenlassen des Schmutzes in die Abdampfpfanne (vergl. S. 48) gehebert. Hier wird sie bis zur Hälfte ihres Volumens eingedampft, wobei nrtürlich alle aufschwimmenden Unreinigkeiten abzuschöpfen sind, und nachdem dies geschehen, wird unter fortwährendem Rühren Chlorwasserstoffsäure bis zu einer schwachsauren Reaction hinzugethan. Nach jedesmaligem Zusetzen der Salzsäure scheidet sich eine Menge des in der Holzsäure enthaltenen Harzes oder Theeres aus, welche Unreinigkeiten man durch Abschöpfen fortschafft. Ausser diesen Harzen, welche durch die Salzsäure ausgeschieden werden, bewirkt letztere auch die Zersetzung verschiedener flüchtiger Körper der essigsauren Kalkflüssigkeit, welche sodann beim weiteren Abdampfen sich verflüchtigen.

Die Flüssigkeit wird nun bis zur Trockne verdampft und das gebildete essigsaure Kalksalz auf die S. 55 angegebene Art geröstet; oder man kann das Rösten auch in der Abdampfpfanne selbst vornehmen.

Der auf diese Art dargestellte essigsaure Kalk giebt ungeachtet seines braunen Aussehens keine schlechtere Essigsäure als der aus destillirter Holzsäure fabricirte, und ist weit wohlfeiler darzustellen, da hier nur eine einmalige Verdampfung stattfindet und die Salzsäure kaum in Betracht kommen kann, weil man auf 1 Centner Holzsäure höchstens 1 bis 1½ Pfund Salzsäure benöthigt.

Besitzt man braunen essigsauren Kalk, den man von den Kohlenbrennern (vergl. Schlussbemerkungen) billig gekauft hat, so kann man auch diesen Kalk zur Essigsäurefabrikation benutzen. Man löst den Kalk dann in etwa 10—20 Theilen Wasser auf, erhitzt die Auflösung in der oben beschriebenen Abdampfpfanne und schöpft allen aufschwimmenden Schmutz ab. Wenn dies geschehen, giebt man Salzsäure hinzu und verfährt überhaupt, wie eben beschrieben.

Beabsichtigt man eine ganz reine Essigsäure darzustellen, so benutzt man dazu, wie schon erwähnt, essigsaures Natron. Die mineralische Säure, die man zur Zersetzung des Salzes anwendet, ist aber nicht Salz- sondern Schwefelsäure.

Um eine recht starke Säure zu erhalten, etwa von fast 45% wasserfreier Essigsäure, bedient man sich eines Verhältnisses von 100 Theilen crystallisirtem, essigsaurem Natron und 40 Theilen concentrirter Schwefelsäure. Es resultiren 80—82 Theile Essigsäure von der angegebenen Stärke.

Will man eine noch stärkere Essigsäure, den sogenannten Eisessig (Radicalessig), erhalten, so darf man nur ein von Crystallwasser vollständig freies Salz anwenden. Man muss zu dem Zweck das essigsaure Natron frisch calciniren, da ein vor längerer Zeit calcinirtes Natron schon Feuchtigkeit aus der Luft angezogen haben würde. Zu einem solchen frisch calcinirtem, essigsaurem Natron gebraucht man auf zwölf Theile, elf Theile von der stärksten Schwefelsäure. Manche gebrauchen anstatt der Schwefelsäure zweifach schwefelsaures Kali, welches sie in doppeltem Verhältniss mit dem Natron innig gemengt anwenden, d. h. auf ein Theil Natron zwei Theile des Kali's. Allein dies Verfahren ist im Grossen sehr schwierig auszuführen und liefert, selbst im Kleinen angewandt, in den allermeisten Fällen ein brenzliches und mit schwefliger Säure verunreinigtes Product, welches man, um es rein zu erhalten, nochmals zu rectificiren hat, wogegen das auf erstere Art dargestellte schon von Anfang an rein erhalten wird, vorausgesetzt, dass man den letzten Theil besonders auffängt.

Wenn man die Essigsäure nicht zum eignen Gebrauch, d. h. zur Verwendung für essigsaure Salze anwendet, so muss man darauf achten, dass dieselbe weder kupfer- noch bleihaltig erhalten werde, da nämlich die Blase aus Kupfer und die Kühlröhre aus Blei sind. Zu diesem Zweck muss man ein wenig von dem zuerst und zuletzt übergehenden Theile appart auffangen, da diese Theile gewöhnlich verunreinigt sind. Man thut wohl den Luftzutritt in die Kühlröhre dadurch zu verhindern, dass man das untere Ende mit einem Kork verschliesst und in diesen ein dreimal gewundenes Rohr einpasst.

Holzgeist, Holzspiritus.

Ueber sein Vorkommen, seine Bildung, Eigenschaften und physiologisches Verhalten und Anwendung haben wir schon bei den Producten der trocknen Destillation des Holzes (S. 7) Erwähnung gethan, weshalb wir hier gleich zu seiner Darstellung übergehen.

Bei der Rectification der Holzsäure behufs Darstellung von grauem, essigsaurem Kalk (vergl. S. 47) erwähnten wir, dass die bei der Destillation der Säure zuerst übergehenden 10 Procent der Flüssigkeit den rohen Holzgeist enthalten und zum weiteren Gebrauch appart aufgefangen werden.

Diesen wässerigen und Holzsäure enthaltenden Holzgeist bringt man nun, um ihn von der Säure und auch von einem grösseren Theile Wasser zu befreien, in eine Destillirblase und destillirt ihn über zehn Procent Aetzkalk.

Der durch einmalige Destillation über Aetzkalk erhaltene Holzgeist besitzt jedoch immer noch zu viele Wassertheile, ist auch sonst noch sehr unrein, woher man ihn denn einer nochmaligen Destillation über Kalk, besser über Kalk und etwa 2% Aetznatron unterwirft. Sollte er indess durch die Behandlung mit Alkalien einen Ammoniakgehalt verrathen, so setzt man ihm ein wenig Schwefelsäure bis zur Neutralisation zu und destillirt ihn nochmals für sich.

In den meisten Fällen erhält man schon durch eine zweimalige Rectification ein für technische Zwecke vollkommen geeignetes Product von einem specifischen Gewicht, welches zwischen 0,870 und 0,832 schwankt, und welches allerdings mit verschiedenen anderen flüchtigen Körpern, als Aceton, Mesit, Xylit, Methol, Eupion u. s. w. verunreinigt ist, sonst aber ein vollkommen reines Destillat liefert.

Die Blase, welcher man sich zur Destillation des Holzgeistes bedient, ist eine gewöhnliche Alcoholblase aus Kupfer mit recht hohem Helm, damit meist nur die flüchtigen Dämpfe übergehen (Fig. 15.). Eine Blase, die zehn Centner Flüssigkeit fasst, dürfte ausreichend gross sein. Der Schnabel des Helmes mündet in eine Kühlschlange, die sich in einem Fass befindet. Fig. 15. wird am besten den ganzen Apparat veranschaulichen. *A* ist die Blase, *B* der Helm, *C* die Kühlschlange in dem Fasse *D*, und *E* ist das Mauerwerk des Ofens, in welchem die Blase unmittelbar über der Feuerung steht. Die Blase darf übrigens nicht direct dem Feuer ausgesetzt werden, sondern sie wird von einer eisernen Hülle beschützt. Diese Hülle kann entweder dicht an der Blase anliegen, oder sie kann auch von derselben etwas abstehen, in welchem Falle dann der Zwischenraum mit Sand ausgefüllt wird. Die Schlange muss wenigstens sechs Windungen beschreiben, und der Durchmesser des Kühlers vier bis fünf Fuss betragen.

Will man den Holzgeist aber ganz rein, zum Gebrauch für die Medicin, darstellen, so muss er allerdings einer noch weiteren Reinigungsoperation unterworfen werden, die sehr umständlich ist.

Man muss den auf die obige Art erhaltenen Holzgeist mit viel geschmolzenem Chlorcalcium versetzen und mehrere Tage stehen lassen, wobei sich Holzgeist-Chlorcalcium in schönen, wasserhellen, grossen, prismatischen Crystallen bildet. Nach etwa fünf Tagen wird das Gemenge vorsichtig destillirt, wobei Xylit und Mesyt übergehen, während in der Retorte Holzgeist-Chlorcalcium und Methol zurückbleiben. Der Rückstand in der Blase wird nun mit der doppelten Gewichtsmenge Wasser übergossen und der Destillation unterworfen.

98 II. Verarbeitung der Holzsäure auf Essigsäure und essigsaure Salze.
Darstellung des Holzgeistes.

Fig. 15.

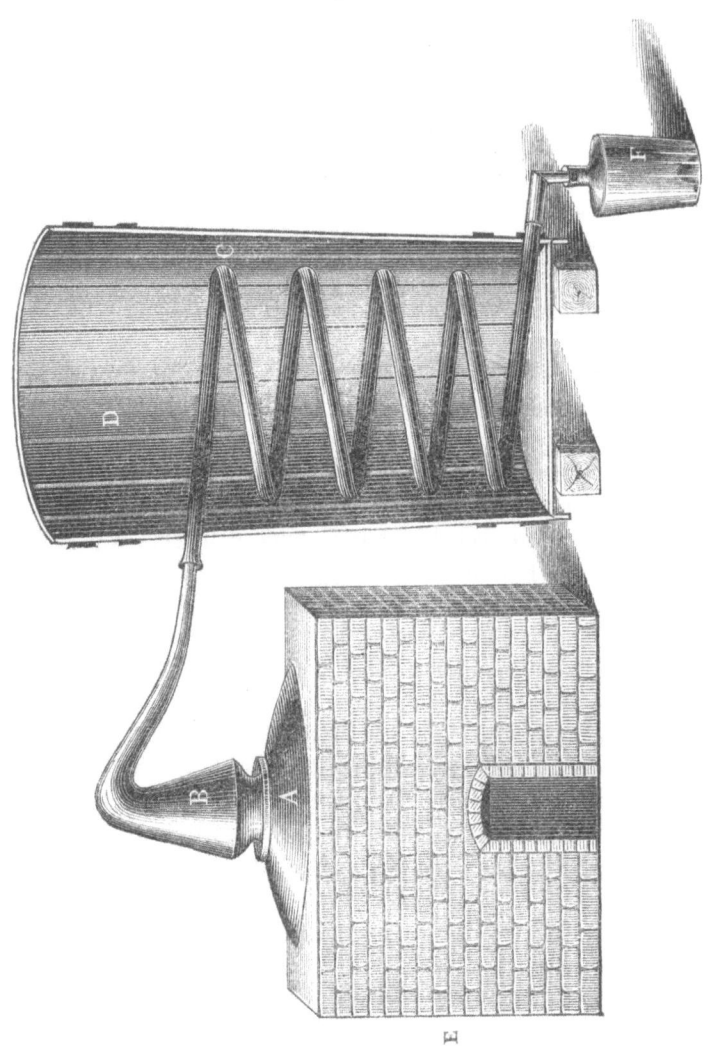

Das Product, welches übergeht, ist Holzgeist und Methol. In der Blase bleibt das Chlorcalcium in Wasser gelöst zurück.

Um von dem so erhaltenen Holzgeist nun noch das Methol abzuscheiden, muss man das Product mit der doppelten oder dreifachen Gewichtsmenge Wasser verdünnen, wodurch sich das Methol auf der Oberfläche der Flüssigkeit als ölige Schicht abscheidet, und am besten durch einen Scheidetrichter getrennt wird. Da aber der gewonnene

Holzgeist mit Wasser sehr verdünnt wurde, so muss man denselben, um ihn vom Wasser zu trennen, noch mehrmals, zwei- bis dreimal, über gebranntem Kalk rectificiren.

Bei der Darstellung des chemisch reinen Holzgeistes darf die Destillation nicht über freiem Feuer vorgenommen werden, sondern nur vermittelst Dampf. Zu diesem Zweck kann man sich einer eben solchen kupfernen Blase bedienen, wie der eben beschriebenen, nur dass im Innern derselben ein kupfernes Schlangenrohr anzubringen ist, durch welches die heissen Dämpfe aus dem Dampfkessel zu streichen hätten, um die in der Blase befindliche Flüssigkeit zu erhitzen und die Destillation zu bewirken.

Da der Holzgeist sehr flüchtig ist, so darf die Vorlage, in welcher das Destillat gesammelt wird, nicht aus einem offenen Gefässe bestehen, sondern am besten aus einer grossen starken Flasche, in deren Hals das Ausflussknie hineinpasst. (Siehe Fig. 15. *F.*).

Wir knüpfen hier zugleich die Darstellung des zur Reindarstellung des Holzgeistes erforderlichen Chlorcalciums an.

Darstellung des Chlorcalciums. Das Chlorcalcium wird auf eine sehr einfache Art bereitet: Chlorwasserstoffsäure (Salzsäure) wird mit Kalk bis zur Neutralisation versetzt, und die auf diese Weise erhaltene Chlorcalciumflüssigkeit bis zur Trockne eingedampft. Um jede Spur von Wasser auszutreiben, wird dasselbe der Rothglühhitze unterworfen, wodurch es zum Schmelzen gebracht wird.

Bei der Darstellung der Essigsäure vermittelst essigsauren Kalkes und Salzsäure bleibt in der Destillirblase Chlorcalcium zurück (vergl. S. 94). Dasselbe ist nun freilich mit Harzen u. dergl. sehr verunreinigt, indess, da das Chlorcalcium, wie wir gesehen haben, um es wasserleer zu machen, geglüht werden muss, so werden bei dieser Gelegenheit alle empyreumatischen oder überhaupt fremdartigen Körper zerstört. Man kann also ein solches Chlorcalcium sehr gut benutzen, anstatt ein besonderes zu bereiten, welches doch immerhin nicht so billig darzustellen ist.

Dritter Abschnitt.

Die Destillation des Theeres und Verarbeitung seiner Producte auf feinere.

Wir haben schon früher erwähnt, dass ein Fabrikant, wenn er die trockne Destillation des Holzes betreibt, den Theer als Rohproduct verkauft, dadurch einen sehr grossen Fehler begeht, denn die Verarbeitung des Theeres auf verschiedene edlere Producte kann unter Umständen noch wichtiger als die Verarbeitung der Holzsäure auf essigsaure Salze werden, da der Theer uns eine Anzahl sehr werthvoller Producte liefert. (Vergl. S. 9).

Es frägt sich nun jetzt, auf welche Producte der Theer zu verarbeiten ist. Dies wird sich ganz nach der Gattung des Theeres, oder vielmehr des Theeres aus der Holzart richten. Theer aus Nadelholz wird uns Terpentinöl, aus Laubholz, besonders aus Birken oder Birkenrinde, Beleuchtungsstoffe nebst Eupion und beide zugleich, wenn er bis zur Trockne destillirt wird, Maschinenschmiere oder Paraffinfett mit Paraffin liefern.

Die Abfälle und Nebenproducte, die sich bei der Fabrikation dieser Körper ansammeln, verarbeitet man am vortheilhaftesten auf Kienruss, andere auf Kreosot.

Den Holztheer auf Paraffin zu verarbeiten, wie das mit dem Steinkohlen- und Torftheer geschieht, ist nicht von Vortheil.

Um nun diese Producte zu gewinnen, wird der Theer anfangs für sich einer Destillation, und zwar über freiem Feuer, unterworfen. Hierbei gewinnt man die sogenannten Rohöle, und diese liefern uns erst, wenn wir sie der Einwirkung verschiedener Agentien und der Rectification unterwerfen, die von uns angeführten Producte. Wir haben also bei der Gewinnung dieser Producte drei Operationen zu unterscheiden:

1) Destillation des Theeres behufs Erhaltung von Rohölen,
2) Unterwerfung der Rohöle der Einwirkung chemischer Agentien, und
3) Rectification der Rohöle.

Wir wollen nun jetzt jede dieser Operationen einzeln betrachten und zugleich die dazu erforderlichen Apparate beschreiben.

1. Destillation des Theeres behufs der Gewinnung von Rohölen.

Zu diesem Zweck wird also, wie erwähnt, der Theer über freiem Feuer der Destillation unterworfen, und es wird von demselben entweder nur das leichte Oel abgezogen, welches aus Terpentinöl (Theer aus Nadelhölzern) oder Eupion und Toluol (Theer aus Laubhölzern, Birkenrinde) besteht, auf reines Terpentinöl oder Beleuchtungsstoffe verarbeitet, und der in der Blase zurückbleibende Theil, welcher beim Erkalten fest wird, und so das Pech, Schiffspech (vergl. S. 9) darstellt, für sich verkauft; oder man destillirt den Theer bis zur Trockne und gewinnt sonach die schweren Oele, welche man auf Maschinenschmiere, die Nebenproducte auf Kienruss, verarbeitet.

Auf die Frage nun, was sich mehr rentirt, ob das blosse Abziehen der leichten Oele und ihre Verarbeitung auf die oben erwähnten Producte, oder ob die Destillation bis zur Trockne vorzunehmen ist, wobei man aus den schweren Oelen noch weitere Producte darstellt, müssen wir entschieden dem letzteren das Wort reden.

Die Apparate, die man zur Destillation des Theeres anwendet, bestehen aus Blasen, welche entweder aus Guss- oder Schmiedeeisen angefertigt werden, und aus Kühlern, deren Röhren aus Kupfer oder Blei sein müssen.

Die Blasen, ob sie nun aus Guss- oder Schmiedeeisen gemacht werden, müssen stets niedrig sein und auch einen niedrigen Helm haben, da die Theeröle, besonders die schweren, sich nur sehr schwierig verflüchtigen und daher, wenn die Blase hoch ist, in dieselbe zurückfallen und sich sodann zersetzen.

Wenn man den Theer bis zur Trockne zu destilliren beabsichtigt, so sind streng genommen nur gusseiserne Blasen zulässig. Denn die grosse Temperatur, der man die Blasen zu unterwerfen hat, würde das Durchbrennen der schmiedeeisernen Blasen veranlassen, oder mindesten würden sie in den Nieten undicht erscheinen und so das Herausfliessen des Theeres veranlassen, was zu grossen Feuerschäden führen könnte. Die gusseisernen Blasen dagegen halten schon etwas Gehöriges aus, und wenn sie aus Lehmguss verfertigt sind, braucht man vor dem Springen derselben keine Furcht zu haben. Die Dicke oder Stärke ihrer Seiten richtet sich natürlich nach ihrer Grösse. Eine Blase, die etwa 50 Centner Wasser in sich fasst, besitzt die passendste Grösse, und ihre Seiten müssen dann wenigstens unten 2½ Zoll stark sein, während die Seiten, wo das Feuer weniger wirkt, eine 1½zöllige Dicke besitzen können. Blasen von mehr als 50 Centner Inhalt anzufertigen, ist nicht vortheilhaft. Man schaffe sich lieber mehrere kleine an, anstatt eine sehr grosse. Die beste Construction der Blasen ist in nachstehender Figur 16 verdeutlicht. *A* stellt die

Fig. 16.

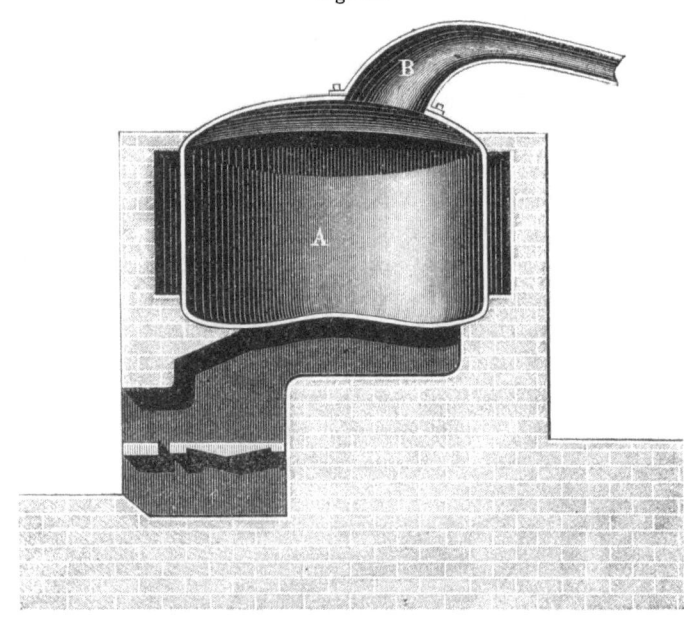

Blase dar mit etwas concavem Boden, damit das Feuer besser einwirken kann. *B* ist der abnehmbare Helm, welcher beim Aufsetzen mit kräftigen Schrauben fest angeschraubt wird.

Die Blase muss derart in dem Ofen eingemauert werden, dass die Feuerluft in Zügen bis zur ganzen Höhe der Blase hinaufgeht. Wenn dies nicht der Fall ist, würde ein Theil der Dämpfe, besonders gegen Ende der Destillation sich am oberen Theile der Blase, welcher nicht heiss genug wäre, abkühlen, und so condensirt wieder in die Blase, und zwar auf den erhitzten Boden zurückfallen und sich hier zersetzen. Es muss daher dann Sorge getragen werden, dass auch der Helm heiss bleibe. Dies erlangt man dadurch, dass man denselben mit Sand bis zu seiner Kniebiegung umgiebt.

Die Kühlapparate sind am zweckmässigsten ganz so einzurichten, wie wir sie bei der trocknen Destillation des Holzes angaben. Man kann übrigens anstatt kupferner Röhren bleierne anwenden, und blos die Knieröhren (Fig. 2. *c.*) aus Kupfer anfertigen. Kühlschlangen, wie es Viele anwenden, sind durchaus zu verwerfen, weil man dieselben nie ordentlich zu reinigen im Stande ist.

Es ist übrigens gut, wenn man auf der letzteren (untersten) Röhre einen kleinen Ballon mit einer Gasröhre anlöthet, damit das sich bildende Gas durch die Röhre einen Abzug nach aussen findet.

Die Destillation wird nun folgendermaassen vorgenommen. Zwei Drittel der Blase werden mit Theer gefüllt. Dieser muss aber gut abgelagert, d. h. so viel als möglich frei von wässerigen Theilen (Holzsäure) sein, da ihre Anwesenheit ein zu starkes Wallen der Masse verursacht.

Das Füllen bewerkstelligt man am besten durch eine Pumpe. Denn wenn man den Theer eimerweise in die Blase zu giessen hat, so raubt dies nicht nur sehr viel Zeit, sondern es wird auch bei dieser Gelegenheit, da die zu füllende Blase sich etwas hoch befindet, selbst bei hinreichender Vorsicht ein Theil des Theeres vergossen.

Nach der Füllung wird nun unter der Blase Feuer angemacht und dieses anfangs stets sehr gemässigt gehalten, da im Anfange der Theer sich sehr zu heben pflegt und daher leicht überläuft. Wenn die Destillation schon begonnen hat, wird etwas flotter gefeuert, und sodann immer ein gleich starkes Feuer unterhalten, so dass das Destillat stets in Fadenform aus dem Verdichtungsrohr herausfliesst. Als Sammelgefäss für das Oel bedient man sich eines messingenen Eimers und keiner Florentinerflasche, wie etwa bei den ätherischen Oelfabriken, da hier die Menge des Wassers, oder eigentlich der Holzsäure, zu gering ist.

In der ersten Zeit der Destillation kommt Holzsäure mit leichtem Theeröl, welches je nach der Theerart 8—15 (Nadelholztheer) oder 60—70 (Birkentheer) Procent beträgt.

Nachdem dieses Oel abgezogen ist, tritt in der Destillation eine Stockung ein (vergl. S. 9) und man muss dann das Feuer verstärken, wodurch nun auch das schwere Oel zum Vorschein kommt. Man destillirt nun so lange, bis nichts mehr übergeht. Das leichte Oel wird natürlich appart aufgefangen und in grossen starken Flaschen einige Zeit stehen gelassen. Sobald sich die Holzsäure unten vollständig abgelagert hat, wird ein gewöhnlicher Heber aus Messing oder Kupfer, den man mit Wasser anfüllt, rasch in die Flasche gethan. Jetzt wird unten der Finger, mit dem man den Heber verschlossen hielt, damit das Wasser aus demselben herausfliesst, entfernt, wodurch das Wasser nun hervorstürzt, und auch die Holzsäure mit sich fortzieht. Man lässt nun den Heber so lange wirken, bis die Oelschicht so weit gefallen ist, dass sie mit der Heberöffnung in gleicher Ebene zu liegen kommt. Sodann zieht man den Heber heraus und giesst das so grösstentheils von Holzsäure befreite Oel aus mehreren Flaschen zusammen, damit sich die noch vorhandene Holzsäure wiederum unten ansammelt. Wenn dieselbe sich abermals abgelagert hat, hebert man sie wiederum auf die angegebene Weise ab, wodurch man nun das Oel von mechanisch gebundener Säure frei erhält. Auf gleiche Weise verfährt man auch mit dem schweren Oele, nur dass hier anstatt der Holzsäure, das Oel abgehebert wird, da das Oel sich hier unten und die Säure oben über dem Oele befindet.

Die Holzsäure, die man hierbei gewinnt, ist zwar nicht bedeutend an Quantität, aber dafür ist dieselbe von ausgezeichneter Stärke. Man giebt sie zu der übrigen zur Neutralisation bestimmten Säure.

Beide von Holzsäure befreiten Oele werden jedes getrennt in gut gearbeiteten eichenen Fässern bis zum weiteren Gebrauch im Keller aufbewahrt.

Nach der Destillation wird die Blase von dem Rückstande, bestehend aus sehr schwerem Coaks, gereinigt. Das Reinigen ist übrigens nicht so leicht ausführbar, da der Coaks sehr fest am Kessel anhaftet. Man bedient sich daher zu dem Zweck Meissel und Hammer, mit welchen Instrumenten man allen anhaftenden Coaks abstemmt, jedoch mit der Vorsicht, dass man die Blase nicht lädirt.

Das Reinigen muss durchaus sehr sorgfältig vorgenommen werden, da, wenn einzelne Stellen der Blase mit Coaks behaft sind, die Temperatur sich nicht überall gleich ausbreiten kann.

2. Unterwerfung der Rohöle der Einwirkung chemischer Agentien.

Um die Oele rein zu erhalten, genügt es nicht, dieselben einer einfachen Destillation zu unterziehen, sondern sie müssen zuvor der Einwirkung gewisser Agentien unterworfen werden, welche ihnen den Harzgehalt und den penetranten, besonders den Kreosotgeruch benehmen.

Diese Agentien bestehen aus Alkalien und Säuren, und müssen nun, um gehörig auf die Oele wirken zu können, mit diesen eine Zeit lang innig gemengt erhalten werden. Dies erlangt man vermittelst mechanischer Kraft in besonderen Mischgefässen.

Der einfachste und zugleich sehr practische Apparat ist folgendermassen construirt. Derselbe besteht aus einem drei Fuss hohen und ebenso oder höchstens vier Fuss Durchmesser habenden hölzernen, innen mit Bleiplatten ausgelegten Bottich mit starken Seiten. In dem Bottich bewegt sich ein an den Wandungen ziemlich dicht anschliessender Kolben, aus halbzölliger Eisenplatte bestehend, welche siebförmig, jedoch nicht zu fein durchlöchert ist. Löcher von Hanfkern- oder höchstens von Erbsengrösse sind ausreichend. Die Führungsstange des Kolbens geht durch ein Loch des festschliessenden Deckels des Gefässes, auf welchem der Arbeiter steht und den Kolben in auf- und niedergehende Bewegung versetzt, wodurch die Mischung der in dem Gefässe befindlichen Oele und Agentien, welche frei durch die Kolbenplatte fliessen können, erfolgt. Um die Flüssigkeit aus dem Apparate leicht heraus zu bekommen, bringt man an dem Boden desselben einen messingenen Krahn an, durch welchen man dieselben herauslässt.

Man könnte übrigens den Apparat auch sehr leicht derart einrichten, dass der Kolben durch Dampfkraft in Bewegung gesetzt würde. Allein dies ist durchaus nicht erforderlich, da das Mischen überhaupt nur eine kurze Zeit stattzufinden hat, und diese Arbeit derselbe Arbeiter verrichten kann, welcher bei der Destillation des Theeres beschäftigt ist, und ohnehin seine meiste Zeit in den Schooss zu halten hat.

Ein anderer, gleichfalls sehr practischer und noch leichter zu handhabender und daher auch besonders empfehlenswerther Apparat ist folgender, in Fig. 17. abgebildeter. Derselbe besteht aus zwei liegenden Cylindern *A* und *B*. Der eine ist aus Gusseisen, der andere aus Blei verfertigt. Der gusseiserne dient zur Reinigung der

Oele mittelst Alkalien, der bleierne, mittelst Schwefelsäure, welche das Blei nicht angreift. Das Mischen der Flüssigkeiten geschieht durch Rührwellen mit Schaufeln oder Armen, welche an einer durch die Axe der Gefässe gelegten Welle angebracht sind. Die Wellen liegen in gleicher Ebene, und man kann dieselben sowohl einzeln für sich, als auch durch eine Kuppelung beide zugleich bewegen. Die Bewegung lässt sich sowohl durch Menschen, als auch durch Maschinenkraft bewerkstelligen; im letzteren Falle wird sie auf die Welle durch eine Riemenscheibe (*a.*) übertragen.

Die Cylinder besitzen unten jeder einen Hahn (*b. b.*), durch welchen die Flüssigkeiten abgelassen werden können, oben aber jeder eine Oeffnung zum Einsetzen eines Trichters (*c.c.*), durch welchen das Oel und die Agentien eingegossen werden. Ausserdem bringt man noch eine Oeffnung zur Einfügung einer Röhre (*d.*) ein, durch welche man nach Erforderniss heisse Wasserdämpfe einlässt.

Fig. 17.

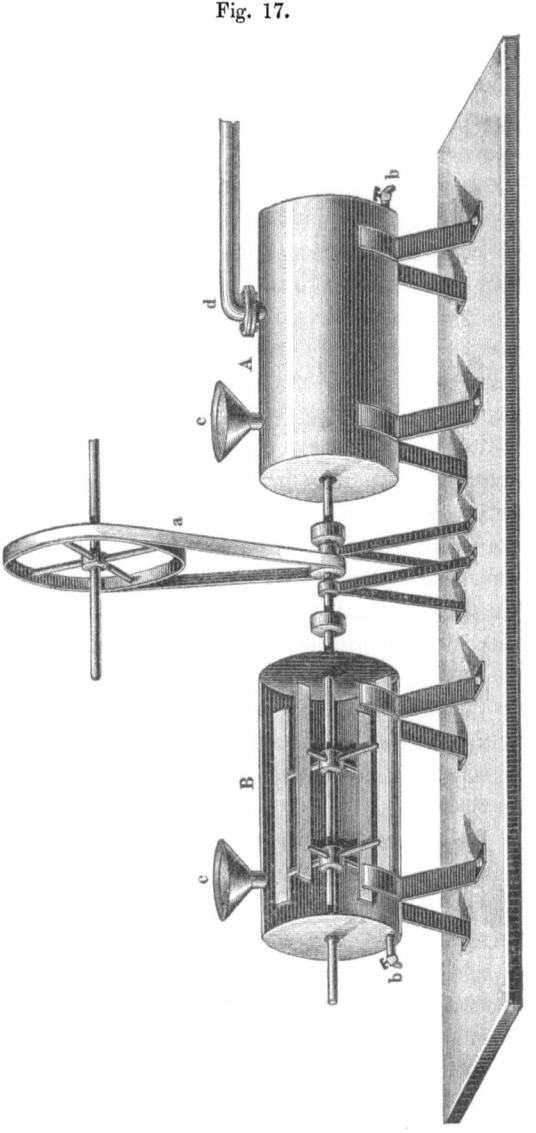

Dieser Apparat ist dem vorhergehenden eigentlich vorzuziehen, da das Mischen der Oele leichter zu bewerkstelligen ist. Die zur Reinigung der Oele anzuwendenden Alkalien sind Aetzkalk oder Aetznatron, je nach Erforderniss. Letzteres wird als Lauge angewandt. Durch die Einwirkung von Alkalien bezweckt man nicht nur die Bindung der in den Oelen enthaltenen Säuren, sondern auch vorzüglich des Kreosots, Picamars und mancher anderer Körper, welche man mit der Entfernung der Lauge zugleich fortschafft. Auch wird durch sie der starke und unangenehme Geruch der Oele gemässigt.

Als Säure benutzt man hauptsächlich die Schwefelsäure, welche eine sehr energische Wirkung auf die Oele ausübt. Sie verwandelt die Unreinigkeiten in theerartige, sich am Boden ausscheidende oder in Wasser auflösliche Substanzen, und sie ist es auch, die hauptsächlich den penetranten Geruch zerstört.

Beim Reinigen wendet man stets anfangs die Alkalien und nachher die Säure an, nicht umgekehrt. Die Verhältnisse, in welchen diese Agentien anzuwenden sind, werden wir bei der Darstellung der verschiedenen Producte angeben.

Wir schliessen zugleich hier die Bereitung der Aetznatronlauge an, die man sich vortheilhafterweise selbst darstellt. Die für unsere Zwecke erforderliche Aetznatronlauge muss ein spec. Gewicht von 1,72 haben, welche also über 50% Natron enthält, nämlich 53,8 Procent.

Darstellung der Aetznatronlauge.

Die Bereitung der Lauge ist sehr einfach. In einem gusseisernen Kessel werden drei Theile crystallirtes kohlensaures Natron in fünfzehn Theilen Wasser aufgelöst und aufgekocht. Sodann wird allmählig unter stetem Umrühren ein Theil gelöschter und mit Wasser zu Brei angerührter Kalk in die heisse Natronlösung gethan. Unter häufigem Umrühren wird die Flüssigkeit 1 $\frac{1}{2}$ bis 2 Stunden gekocht, in welcher Zeit die Zersetzung gewöhnlich vollendet ist, die darin besteht, dass die Kohlensäure des Natrons sich mit dem Kalk vereinigt und dadurch das Natron ätzend wird. Man erkennt die vollständige Zersetzung daran, dass, wenn man in ein Wenig der Natronflüssigkeit Schwefelsäure giebt, kein Aufbrausen stattfindet.

Wenn die Zersetzung eingetreten ist, wird mit einem Beaumé'schen Aräometer der Procentgehalt der Lauge geprüft. Besitzt die

Lauge den nöthigen Concentrationsgrad, so wird sie in Flaschen gegossen, die jedoch vorher erwärmt werden, damit sie nicht von der heissen Flüssigkeit springen. Die gefüllten Flaschen werden nun mit einem festschliessenden Glasstöpsel, welchen man mit Talg eingeschmiert hat, verschlossen. Schmiert man die Stöpsel nicht mit Talg ein, so klemmen sie sich fest und können ohne Gefahr des Zerbrechens der Flaschen gar nicht herausgenommen werden. Wenn sich in den Flaschen die Lauge geklärt hat, hebert man sie von dem Kalk ab und giesst sie in andere Flaschen, die man gleichfalls gut zustöpselt. Die Lauge bewahrt man in trocknen Kellern auf. Den Kalk kann man mit etwas Wasser auswaschen, und diese gewonnene schwächere Lauge bis zu dem erforderlichen spec. Gewicht im Kessel weiter eindampfen.

3. Rectification der Rohöle.

Die Rectification der Oele geschieht, um sie von den durch Behandlung mit Agentien abgeschiedenen fremdartigen Körpern zu reinigen, was durch einfaches Abstehenlassen oder Filtriren nicht geschehen kann.

Für den Zweck der Rectification sind drei Destillationsverfahren in Anwendung gebracht worden: Ueber freiem Feuer, vermittelst gespannter Wasserdämpfe und vermittelst überhitzter Wasserdämpfe.

Wir wählen die zweite Methode, mit gespannten Wasserdämpfen, für die leichten Oele, für die schweren die Methode über freiem Feuer, welche beide auch allgemein in Aufnahme gekommen sind.

Um die Destillation mit gespannten Wasserdämpfen ausführen zu können, ist natürlich ein Dampfkessel erforderlich. Ohne einen Dampfkessel wird man aber in solch einer Fabrik überhaupt nicht gut auskommen können, was wir schon bei der Darstellung des essigsauren Kalkes und an anderen Orten erwähnten.

Der für unseren Zweck erforderliche Dampfkessel braucht nicht mehr als $1\frac{1}{2}$ bis höchstens 2 Atmosphären Spannkraft zu besitzen. Derselbe kann nach einem beliebigen System construirt sein.

Von dem Dampfkessel geht ein Dampfleitungsrohr in einen sogenannten Abblaseständer (Fig. 18. *A*.) bis auf den Boden desselben, und zieht sich auch hier noch, ein Knie bildend, bis zur Hälfte des Bodendurchmessers hin.

Der Abblaseständer besteht aus einer kupfernen Blase von vier Fuss Höhe und fünf Fuss Breite. Auf die Mitte dieser Blase kommt

Rectification der Rohöle. 109

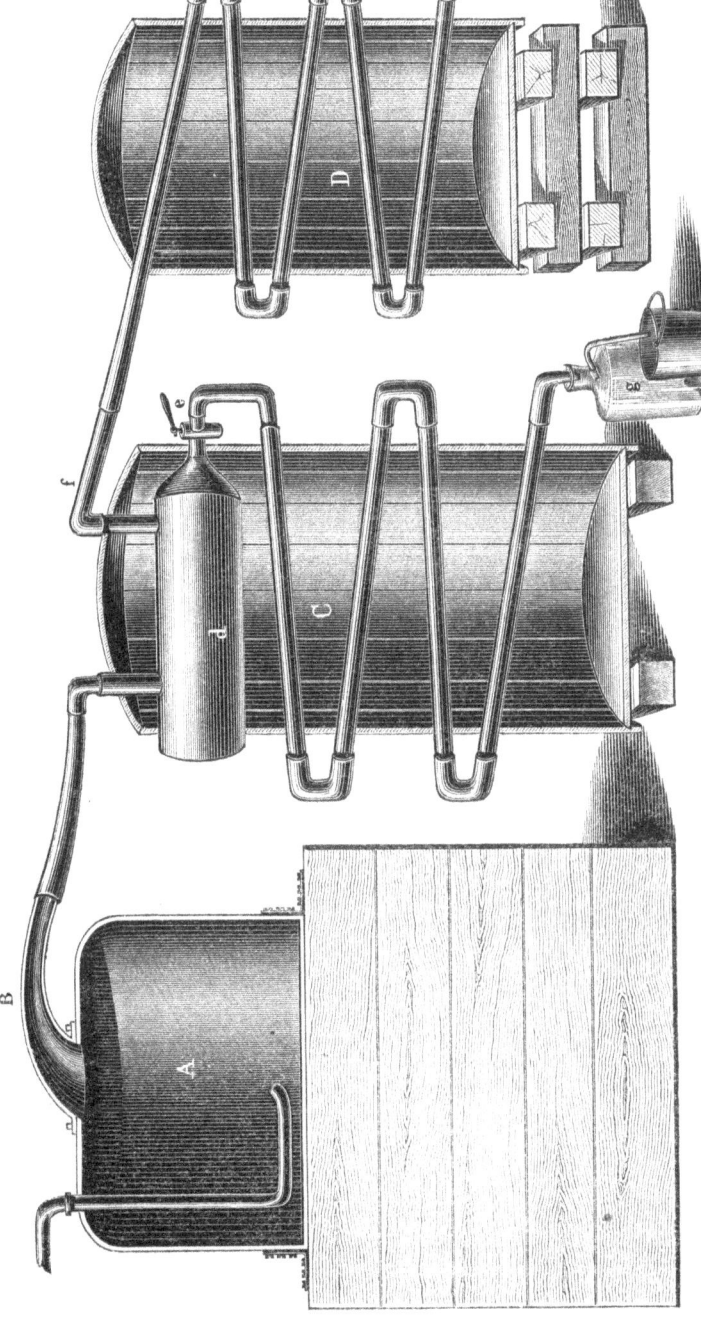

Fig. 18.

ein niedriger Helm, gleichfalls aus Kupfer (Fig. 18. *B*.), welcher mit Schrauben, nachdem ein Filzplattenring dazwischen gelegt war, fest angedrückt wird. Aus dem Helm dieses Abblaseständers geht eine Röhre in einen Kühler (Fig. 18. *C*.), der nach demselben System eingerichtet ist, wie derjenige, welcher bei der trocknen Destillation des Holzes angewandt wird; nur unterscheidet er sich von jenem darin, dass die erste Röhre an dem vorderen Ende geschlossen ist, und sich zu einem breiten, wenigstens 1 Fuss im Durchmesser haltenden Cylinder erweitert (Fig. 18. *d*.), der sich aber auf der anderen Seite stark verjüngt oder in einen trichterartigen Hals ausläuft, und einen sehr sorgfältig gearbeiteten, fest schliessenden Krahn (Fig. 18. *e*.) angebracht erhält. Aus diesem Cylinder gehen zwei Röhren hinauf, etwa einen Fuss hoch. Die eine dient zur Aufnahme des Rohres aus dem Abblaseständer, welches die Producte zuleitet, das andere zur Aufnahme des Ableitungsrohres, welches die Producte aus dem Cylinder weiter leitet, und zwar in einen zweiten Kühler (Fig. 18. *D*.), welcher ganz dieselbe Construction, wie der zur trocknen Destillation des Holzes beschriebene, besitzt. Alle Röhren sind am besten aus Kupfer zu machen und ihre Länge dergestalt zu treffen, dass die Zuleitungsröhre aus dem Abblaseständer acht bis zehn Fuss, die Fortleitungsröhre aus dem ersten Kühler (Cylinder) nur fünf bis sechs Fuss lang zu sein brauchen. Der zweite Kühler kann bedeutend kleiner, die Röhren kürzer und auch viel schmäler sein, da bei weitem der grösste Theil der Destillationsproducte sich schon im ersten Kühler verdichtet.

Die Manipulation mit diesem Apparate ist nun folgende:

In den Abblaseständer wird das Oel eingegossen. Wenn dies geschehen, wird der Helm befestigt und alle Verbindungsröhren in Ordnung gebracht. Zum Lutiren bedient man sich hier gleichfalls des oft genannten Kittes aus Kalk und Mehl. Wenn nun die Röhren alle in Ordnung gebracht sind, wird das Dampfleitungsrohr angesetzt, wodurch also der heisse Wasserdampf aus dem Dampfkessel in den Abblaseständer gelangt. Nach kurzer Zeit schon erhitzt sich vom einströmenden heissen Dampfe der Ständer, das Oel geräth in Kochen und die Destillation desselben beginnt vereint mit den Wasserdämpfen. Die sehr leichten Oele, wie Benzol, Eupion, steigen aus dem Cylinder (Fig. 18. *x*.) in die Röhre (Fig. 18. *f*.), und entweichen aus dem zweiten Kühler in das vorgesetzte Sammelgefäss, während die schwereren Oele den kürzeren Weg durch den ersten Kühler nehmen.

Als Sammelgefässe unter beide Ausflussröhren dienen für die leichten, also auf dem Wasser schwimmenden, Oele grosse Florentinerflaschen (Fig. 19.) von mindestens 15 Pfund Inhalt. Dieselben müssen von starkem und weissem Glas gemacht sein. Das Oel sammelt sich in diesen Flaschen oben auf, das Wasser unten. Durch das schnabelförmig gebogene Rohr (Fig. 19. a.) fliesst letzteres in dem Maasse ab, wie sich das Destillat von Oel und Wasser vermehrt. Dadurch, dass das Wasser immer abfliesst, sammelt sich zuletzt das Oel in so dicker Schicht, dass es fast mit dem Niveau der unteren Oeffnung der Flasche zu stehen kommt.

Fig. 19.

Wenn dieser Zeitpunkt eingetreten ist, wird die Flasche gewechselt und die gefüllte Flasche entleert.

Anstatt der Florentinerflaschen aus festen Hälsen bedient man sich lieber solcher ohne Hälse, aber mit einfachen Oeffnungen unten, da, wenn man den Hals einer Florentinerflasche einmal bricht, was sehr leicht geschieht, dieselbe untauglich wird. Besitzt man aber Flaschen mit einfachen Oeffnungen unten, so macht man sich diese Hälse durch S förmiges Biegen von Glasröhren über glühenden Kohlen oder über einer Spirituslampe selbst. Eine solche gebogene Glasröhre wird durch einen Kork, der in das Flaschenloch passt, vorsichtig hineingebohrt und der Apparat ist fertig. Man hat auch noch auf diese Weise den Vortheil, dass, wenn man solche Flaschen anwendet, dieselben, wenn sie mit Oel voll sind, nicht zu wechseln hat, sondern man braucht nur die Glasröhre, welche in dem Kork beweglich ist, auf die eine Seite zu wenden, wodurch das Oel zum Ausfliessen gebracht wird. Nachdem die Flasche auf diese Weise geleert wurde, richtet man das Rohr wieder auf.

Für die Destillation des schweren Theeröles bedient man sich, wie schon erwähnt, des freien Feuers.

Den Apparat wählt man aus Gusseisen (Lehmguss) oder besser aus Kupfer. Er bildet eine ganz eben solche Blase, wie die vorige (der Abblaseständer) Fig. 18., welche mehr breit als hoch ist, und die von der Grösse sein muss, dass sie etwa zehn Centner Flüssigkeit fasst. Der Boden der Blase ist flach und der Helm gleichfalls sehr niedrig, wie beim vorhergehenden Apparat. Die Blase selbst wird nicht dem directen Feuer ausgesetzt, sondern sie ruht in einer Sandcapelle, oder sie erhält eine eiserne Umhüllung, wie wir dies bei der Blase zur Destillation des Holzgeistes kennen lernten. Am besten ist es, wenn man zwischen der Blase und ihren Mantel (der Umhüllung) einen Zwischenraum von zwei Zoll lässt, welchen man mit Sand ausfüllt. Das Feuer bestreicht das Gefäss nicht blos von unten, sondern geht auch in Zügen um den ganzen Apparat bis ganz hinauf. Während der Destillation muss auch die Decke der Blase mit einer dicken Schicht Sand bedeckt sein, damit dem Apparat keine Gelegenheit zu Theil wird, sich oben abzukühlen, aus denselben Rücksichten, welche S. 102 angegeben wurden. Zur Destillation des schweren Oeles bedarf man nicht zweier Kühler, sondern nur eines.

Die Sammelflaschen für das schwere Oel müssen eine andere Construction haben, als die Florentinerflaschen für das leichte Oel. Dieselben (Fig. 18. *g.*) haben oben eine schräge Oeffnung, in die gleichfalls ein Rohr mit einem Kork eingesetzt wird, und durch welches das Wasser abfliesst.

Während der Destillation hat der Arbeiter sehr aufmerksam darauf zu achten, gleichviel, ob er leichtes oder schweres Oel destillirt, dass die Kühlröhren stets kalt bleiben. Bei der Destillation des leichten Oeles kann schon der Cylinder in dem Kühlgefäss warm sein, dies ist sogar gut, damit sich die sehr flüchtigen Oele nicht im ersten Kühler condensiren können. Aber schon die erste (nicht zum Cylinder gehörende) mindestens aber die zweite Knieröhre des ersten Kühlers muss kalt sein.

Ausserdem aber hat der Arbeiter noch darauf zu achten, dass die untergesetzten Florentinerflaschen zur Zeit geleert werden, damit nicht etwa auch Oel fortgeht. Ebenso muss auch der Arbeiter seine Aufmerksamkeit darauf richten, dass keine Ritzen in den zugeschmierten Röhren entstehen, aus welchen die Destillationsproducte entweichen könnten.

Terpentinöl.

Dasselbe ist schon Seite 10 unter den Producten der trocknen Destillation des Holzes besprochen worden. Wir haben hier daher nur seine Darstellung abzuhandeln.

Das bei der Destillation des Kienholzes oder überhaupt eines Nadelholzes gewonnene leichte Oel, sowie das leichte Oel bei der Destillation des Nadelholztheeres, wird mit nur 4% Aetznatronlauge von 1,72 spec. Gewicht drei Stunden lang in einem der beiden Mischgefässe tüchtig durchgemischt. Nach dem Mischen wird das Oel abgelassen, und nachdem die Lauge sich abgestanden hat, wozu man am besten zwölf Stunden Zeit giebt, wird das Oel von dieser durch Decantation getrennt. Nach der Trennung von der Lauge, welche hauptsächlich das im Oele vorhanden gewesene Kreosot in sich aufgenommen hat, wird das Oel mit etwa $25^0/_0$ Wasser tüchtig gemischt, dann von dem Wasser abstehen gelassen, nach dem Abstehen das Wasser decantirt und das wasserfreie Oel in dem Mischgefäss mit zwei Procent concentrirter Schwefelsäure gegeben, und zwei bis drei Stunden lang gemischt. Nach dem Mischen wird das Oel wiederum aus dem Mischgefäss herausgelassen und der Ruhe überlassen, damit sich die Säure am Boden ablagern kann. Nach dem Abstehen der Säure wird das Oel von dieser getrennt und wiederum mit Wasser gewaschen, nach dem Abstehen des Wassers dieses abgelassen und das Oel in den Abblaseständer gebracht, in welchem vordem zwei Procent zerfallener Aetzkalk mit doppelt so viel Wasser angerührt wurden. Nachdem dies geschehen, wird heisser Dampf aus dem Dampfkessel eingeleitet, die Röhren alle lutirt und bei dem ersten Kühler der Krahn (Fig. 18. e.) gesperrt, so dass die Destillationsproducte nur durch den zweiten Kühler entweichen können.

Es destillirt nun ein farbloses, jedoch etwas trübes Oel mit Wasser über. Zu Ende der Destillation kommt indess etwas gefärbtes Oel. So lange dieses nicht zu gelb ist, wird es mit dem zuerst übergehenden vereinigt. Sobald es aber zu gefärbt und dickflüssig erscheint, wird letzteres besonders aufgefangen.

Das weisse Oel stellt nun reines Terpentinöl dar und ist specifisch bedeutend leichter, als das später übergehende gefärbte, welches man entweder als eine schlechtere Sorte verkauft oder zur Kienrussbereitung verwendet.

Dem frisch gewonnenen Oele setzt man zur Klärung etwas gepulverten, gebrannten Gyps zu und schüttelt es mit diesem. Dann lässt man es abstehen. Nach dem Abstehen zieht man das klare Oel auf eichene Fässer, welche aber doppelt sein müssen, nämlich einen Zwischenraum haben, in welchem sich Wasser befindet, um auf diese Weise das Ausfliessen des Terpentinöls zu verhindern, welches sich gern durch die festesten Fässer einen Weg bahnt.

Die gefüllten Fässer werden im Keller aufbewahrt, welcher jedoch warm sein muss, damit im Winter das im Zwischenraum der

Fässer sich befindliche Wasser nicht etwa einfriert und dadurch das Fass sprengt.

Das auf diese Weise, nämlich aus leichtem Holztheeröl, erhaltene Terpentinöl ist nun zwar nicht das eigentliche Terpentinöl, welches ja bekanntlich aus Terpentin destillirt wird (vergl. S. 10), allein es dient zu eben denselben Zwecken wie jenes, und erfüllt diese vollkommen.

Zum Schluss bleibt noch zu erwähnen übrig, dass während des Abblasens darauf zu achten ist, dass sich nicht etwa zu viel Wasser in dem Cylinder condensirt und dadurch die Destillation aufhält. Wenn dies geschehen sollte, so lässt man das Wasser durch den Krahn (Fig. 18. *e.*) ab. Dass der Cylinder in dem ersten Kühler nicht im Wasser liegen darf, braucht wohl kaum erwähnt zu werden.

Beleuchtungsstoffe.

Als Beleuchtungsstoffe eignen sich alle besonders dazu gereinigten Oele von sämmtlichen Theerarten. Indess ist doch das Oel des Birkentheeres, welches, wenn gut gereinigt, dem Photogen in Nichts nachsteht, den Oelen aus Nadelholztheer bei weitem vorzuziehen. Ueberdies wäre es ja auch zu schade, wenn man das leichte Oel des Nadelholztheeres zu Beleuchtungsstoffen verwenden würde, da dieses Oel schon, einer geringen Menge Reinigungsmittel unterworfen und rectificirt, als Terpentinöl verwandt werden kann, wie wir das ja soeben aus dem vorhergehenden Artikel ersehen haben. Das schwere Oel des Nadelholztheeres aber, selbst auch noch so gut gereinigt, kann wegen seines ungeheuern Gehaltes an Kohlenstoff zur Beleuchtung nicht gebraucht werden. Dasselbe liefert aber dafür, wie wir weiter sehen werden, ein ausgezeichnetes Material einestheils für Wagen-, anderntheils- für Maschinenschmiere.

Für die Darstellung der Beleuchtungsstoffe möchten wir daher nur das leichte Oel des Laubholztheeres, insbesondere des Birkentheeres oder eigentlich des Birkenrindentheeres, vorschlagen.

Um also aus diesem Oele Beleuchtungsstoffe zu erzielen, werden die leichten Oele anfangs mit Aetznatronlauge in dem beschriebenen Mischgefässe innig zusammengemischt. Man nehme etwa sechs bis acht Procent Aetznatronlauge von 1,72 spec. Gewicht und mische sie mit dem Oele drei Stunden durcheinander. Nach dem Mischen wird die Flüssigkeit abgelassen, und sobald sich die Lauge von dem

Oele abgestanden hat, wird das Oel von jener getrennt, mit etwa 20% Wasser tüchtig durchgemischt, nach der Trennung das Wasser von dem Oele abgezogen und das auf diese Weise gewaschene Oel mit zwei bis drei Procent concentrirter Schwefelsäure im Mischgefäss durch drei Stunden gerührt. Nach dem Mischen wird es, wie vorhin angegeben, aus dem Mischgefäss entfernt, der Ruhe überlassen, nach dem Abstehen der Schwefelsäure, wozu man vortheilhaft mindestens zwölf Stunden Zeit giebt, das Oel von derselben getrennt, mit Wasser tüchtig gewaschen, so lange bis weder das Oel, noch das Waschwasser sauer reagirt, was durch blaues Lackmuspapier zu erkennen ist.

Nach dem Waschen bringt man das Oel in den Abblaseständer und unterwirft es der Rectification.

Das Rectificiren wird ebenso vorgenommen, wie bei der Darstellung des Terpentinöles, die Rectification des leichten Nadelholztheeröles, doch mit dem Unterschiede, dass man hier den Krahn (Fig. 18. *e*.) nicht sperrt, damit das überdestillirende Oel sich in zwei Sorten scheiden kann.

Das Oel, welches aus dem ersten Kühler kommt, bildet das Beleuchtungsöl, während das, welches in den zweiten Kühler übergeht, die allerflüchtigsten Oele, Eupion, Benzol und dergl. enthält, welche für andere Zwecke Verwendung finden. (Siehe S. 12).

Das Beleuchtungsöl muss durchschnittlich ein specifisches Gewicht von 0,815—0,835 und einen Siedepunkt von 150—250 oder besser von 100—300° C. haben. Ein Oel, welches einen Siedepunkt von unter 95° C. besitzt, darf als Beleuchtstoff nicht benutzt werden, wenn auch das spec. Gewicht als passend erscheint. Denn die Gefährlichkeit eines Leuchtöles hängt nicht eigentlich vom spec. Gewicht, sondern vom Siedepunkt ab.

Oele, welche schon unter 95° Cels. sieden, betrachte man als Eupion oder Benzol, menge sie also zu den Oelen, welche aus dem zweiten Kühler kommen.

Uebrigens bei der Einrichtung, die wir hier angeführt haben, kann es gar nicht vorkommen, dass Oele von so niedrigem Siedepunkte aus dem ersten Kühler entweichen, es sei denn, dass man den Cylinder (Fig. 18. *d*.) gekühlt hat.

In der ersten Zeit der Destillation geht ein fast farbloses, später weingelbes Oel von eigenthümlichem, jedoch nicht zu starkem Geruch über. Sobald man merkt, dass das Oel nur noch schwer sich abblasen lässt und beim Schütteln mit Wasser in einem Fläschchen die Oelkügelchen sich nicht augenblicklich über dem Wasser ansammeln, ist es für den Fabrikanten ein Zeichen, dass die Destillation unterbrochen werden muss, denn das noch in dem Abblaseständer vorhandene Oel besitzt schon ein zu hohes spec. Gewicht und eignet sich nicht als Beleuchtungsöl. Das Oel wird also durch den Krahn (den man in der Abbildung nicht sieht) aus dem Abblaseständer in ein hölzernes mit Blei ausgelegtes Gefäss abgelassen und dasselbe mit einem Deckel gut zugedeckt.

Nachdem es erkaltet ist und sich das Oel vom Wasser geschieden hat, wird das Oel getrennt und zum weiteren Gebrauch (zur Darstellung der Maschinenschmiere) in guten doppelten Fässern, wie das Terpentinöl, im Keller aufbewahrt.

Um ganz sicher zu gehen, dass man nicht etwa aus dem Abblaseständer ein Oel ablässt, welches man noch zur Beleuchtung benutzen könnte, probire man das Uebergehende auf das specifische Gewicht.

Das Beleuchtungsöl muss klar und weiss oder von weingelber Farbe sein. Der Geruch darf nicht stärker als der des Petroleums oder Photogens sein. Es muss in jeder Photogen- oder Petroleumlampe geruchfrei mit ruhiger, hellleuchtender und nicht im entferntesten russender Flamme brennen, auch den Docht nur wenig verkohlen, denselben aber durchaus nicht verharzen.

Wenn das Oel den Docht verharzt und gar mit rauchender, flackernder Flamme brennt, so ist dies ein Zeichen, dass es noch nicht genügend gereinigt ist. Es muss daher nochmals der Einwirkung von Agentien, sowohl von Aetznatron, als auch Schwefelsäure unterworfen und nochmals rectificirt werden.

Das gut gereinigte Holzöl aus allen Laubhölzern, insbesondere aber auch Birken, brennt mit prachtvoller, heller, weisser Flamme, die weder vom Photogen, noch vom Petroleum übertroffen wird, auch ebenso sparsam, und ist durchaus nicht mit dem sogenannten Camphin zu verwechseln, welches nichts weiter als ein über Kalk gereinigtes Terpentin- oder Kienöl ist, und durchaus nicht diese guten Eigenschaften im vollen Maasse besitzt, welche man von den jetzigen Beleuchtungsstoffen fordert.

Zum Unterschiede von den so vielen jetzt zur Beleuchtung dienenden, flüssigen Kohlenwasserstoffen, wie Petroleum, Photogen, Solaröl, Torföl, Pinolin, Camphin u. s. w., wollen wir das Holzöl mit dem Namen Xylogen belegen.

Als Material zur Darstellung des Xylogens haben wir schon vordem den Birkenrindentheer als sich besonders eignend empfohlen und in der That, bei der Wichtigkeit des Productes als Beleuchtungstoff und daher voraussichtlich seines grossen Consums, erscheint der Birkentheer als einziges Rohproduct, aus welchem das Xylogen vortheilhaft im Grossen darzustellen ist.

Denn während z. B. der Laubholztheer durchschnittlich sechs bis acht Procent rohes leichtes Oel liefert, giebt der Birkenrindentheer achtzig Procent eines Oeles, welches bei der Behandlung mit Alkalien und Säuren und der späteren Rectification immer noch 55 bis 60% reines Beleuchtungsöl giebt. Es ist dies ein Resultat, welches von keinem einzigen anderen Theere, auch selbst von Torf-, Schiefer- und Steinkohlentheere erzielt wird.

In Ländern, wie Schweden, aber ganz vorzüglich Russland, wo jährlich viele Millionen Centner Birkentheer fabricirt und so billig verkauft werden, ist die Darstellung dieses Beleuchtungsstoffes nicht genug zu empfehlen, und könnte das dort so theuer zu stehen kommende Petroleum oder Photogen gänzlich verdrängen.

Der Fabrikant braucht sich nicht auf die Selbstdarstellung des Theeres zu beschränken, da ihm schwerlich dazu das Material in genügend grosser Menge auf die Dauer zu Gebote stehen wird. Aber er kann den fertigen Theer von anderen, auch aus weiteren Gegenden aufkaufen, denn die Transportkosten werden sich immerhin vielfach bezahlt machen.

Maschinenschmieröl.

Zur Maschinenschmiere benutzt man ausschliesslich das zuletzt übergehende, in Wasser untersinkende Oel des Birken- oder überhaupt Laubholztheeres und das zuletzt übergehende schwere Oel des Nadelholztheeres, nachdem von demselben schon vierzig Procent Flüssigkeit abgezogen wurden, da das gleich nach dem Abziehen des leichten Nadelholztheeröles folgende schwere Oel dazu nicht passt.

Eins von diesen Oelen also, entweder das schwere Birkentheeröl, oder das erwähnte schwere Nadelholztheeröl, welche beide ansehnliche Quantitäten Paraffin enthalten, und daher eine besonders schöne Maschinenschmiere abgeben, kommen in die Mischgefässe und werden daselbst, und zwar das Birkentheeröl, mit acht und das Nadelholztheeröl mit sechs Procent der oben angegebenen Natronlauge drei Stunden lang unter Zuleitung von heissen Wasserdämpfen innig gemischt. Die Wässerdämpfe werden übrigens nur so lange hineingeleitet, bis das Oel heiss geworden. Nachdem dies geschehen, sperrt man die Dämpfe ab. Wenn das Oel nach einiger Zeit wieder kalt geworden, werden von Neuem heisse Dämpfe eingelassen u. s. w. Nach der Mischung der Oele mit der Lauge lässt man beide aus dem Mischgefäss ab, und wenn sich beide Flüssigkeiten von einander getrennt haben, wird das Oel von der Lauge decantirt, oder umgekehrt, die Lauge von dem Oele. Nach der Decantation wird das Oel mit Wasser gewaschen, wie es schon früher bei dem leichten Oele angegeben wurde. Sodann giebt man es wieder in's Mischgefäss und unterwirft es der Einwirkung von concentrirter Schwefelsäure.

Die Verhältnisse, die man hierbei anzuwenden hat, sind für beide Oelarten in den meisten Fällen gleiche; fünf bis sieben Procent genügen. Dampf braucht man aber hierbei nicht einzulassen.

Nach der vollzogenen Mischung und dem Abstehenlassen der Säure trennt man die beiden Flüssigkeiten, wäscht das Oel mit Wasser und giebt es in den auf S. 109 beschriebenen Destillirapparat, in welchem es über drei Procent Aetznatronlauge destillirt wird.

Die Destillation wird vorsichtig, aber so lange vorgenommen, bis kein Oel mehr übergeht.

Das übergehende Oel besitzt eine gelbliche bis gelbe Farbe, etwa wie das Rüböl, und ist sehr fettig.

Es riecht nur sehr unbedeutend und verharzt an der Luft nicht; in der Kälte setzt es Paraffin ab.

Es bildet dies Oel eine der besten Maschinenschmieren und ist durchaus dem Maschinenschmieröl aus Steinkohlentheer, Schiefer- oder Torftheer vorzuziehen, da demselben kein Paraffin entzogen wird. Der grössere Gehalt an Paraffin erhöht aber unstreitig den Werth einer Maschinenschmiere.

Das Aufbewahren des Oeles geschieht in dauerhaft gearbeiteten eichenen Fässern, welche in einem Keller zu stellen sind.

Wagenschmiere, Wagenfett.

(Paraffinfett.)

Das bei der Destillation des Nadelholztheeres nach dem Abgehen des leichten Oeles übergehende schwere Oel bildet das Material zur Bereitung dieses wichtigen Productes.

Das Oel wird zu diesem Zweck mit Kalkhydrat oder auch mit Kalkhydrat und Aetznatronlauge verkocht, wodurch es eine butterartige Consistenz erhält.

Da aber das rohe Oel harzige Bestandtheile, Kreosot und dergl. enthält, welche ihm einen sehr starken und unangenehmen Geruch verleihen, auch die Wagenschmiere an der Luft dadurch leicht verharzen würde, so muss das Oel, wenn man ein gutes Product erzielen will, vordem unbedingt der Einwirkung von Agentien und der nachherigen Rectification unterworfen werden.

Auf die schon früher oftmals angegebene Weise wird das Oel anfangs mit acht Procent Aetznatronlauge drei Stunden lang unter Dampfzuleitung gemischt. Darauf (unter Beobachtung des früheren Verfahrens) mit sieben bis zehn Procent concentrirter Schwefelsäure gleichfalls durch drei Stunden behandelt. Sodann wird es der Rectification über freiem Feuer, also in dem oben beschriebenen Apparat, unterworfen und so lange destillirt, bis nichts mehr von dem Oele übergeht.

Nach der Destillation wird das Oel in mit Bleiplatten belegten Bottichen über fein gepulvertem, gebranntem Gyps sechs Wochen stehen gelassen und dann erst zur Fabrikation der Wagenschmiere verwandt.

Um nun die Wagenschmiere darzustellen, bereitet man sich erst aus dem Oele und Kalkhydrat einen sogenannten Ansatz.

Der dazu benutzte Kalk muss ja sandfrei und sehr fein sein. Man wählt recht weissen Kalk, den man entweder durch Wasser löscht oder besser durch längeres Liegen an der atmosphärischen Luft sich von selbst zu Pulver zerfallen lässt.

Es ist aber durchaus erforderlich, diesen Kalk, so fein er auch erscheinen mag, vor der Anwendung durch ein sehr dichtes Haarsieb durchzuschlagen, da in dem Kalke, selbst in den besten Sorten, Steinchen und dergl. vorkommen, welche das Sieb aufhält.

Im Handel giebt es eine Menge Maschinenschmiersorten, die sich meistentheils nur durch die Färbung unterscheiden. Ehe wir jedoch zur Darstellung derselben schreiten, müssen wir vorerst die Bereitung des Ansatzes, welcher für alle diese Sorten in Anwendung kommt, behandeln.

120 III. Destillation des Theeres und Verarbeitung seiner Producte auf feinere.

Bereitung des Ansatzes für die Wagenschmiersorten.

Zur Bereitung des Ansatzes bedient man sich eines gewöhnlichen, offenen, gusseisernen, soliden Kessels, welcher etwa sieben Centner Flüssigkeit in sich fasst. Derselbe wird einfach in einem Ofen aus gewöhnlichen gebrannten Ziegelsteinen über einer Rostfeuerung angebracht, wie nachstehende Figur zeigt. (Fig. 20.).

Fig. 20.

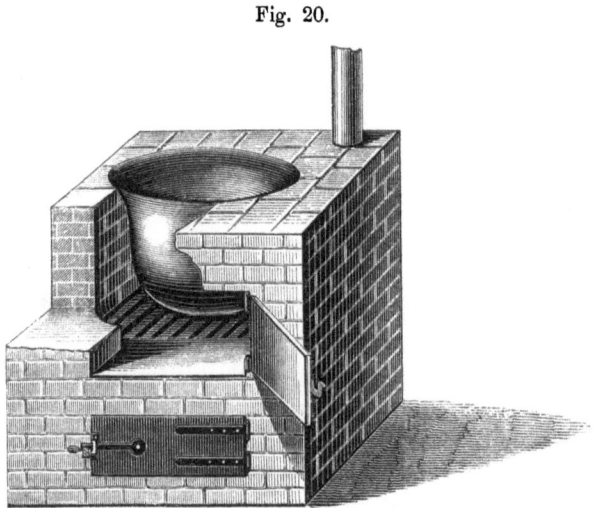

In einen solchen Kessel also bringt man nun drei Centner von dem abgestandenen, gereinigten, schweren Theeröle und schüttet unter fortwährendem Umrühren mit einem hölzernen, spatelförmigen Rührer auf jeden Centner Oel 60 bis 80 Pfund, also auf drei Centner 180 bis 240 Pfund Kalkhydrat von der oben erwähnten Güte.

Das Ganze, Oel und Kalk, wird nun so lange kräftig gerührt, bis die Masse einen ganz gleichförmigen Teig darstellt. Deshalb ist es erforderlich, nicht den ganzen Kalk auf einmal, sondern allmählig dem Oele zu geben. Auch verhindert man dadurch das Uebersteigen der Masse, was sonst leicht eintreten würde.

Ist Alles gehörig zu einer gleichmässigen Masse durchgerührt worden, so wird unter dem Kessel Feuer gemacht und unter mässigem Erhitzen desselben die Masse etwa eine Stunde lang, oder so lange gekocht, bis dieselbe dünnflüssig geworden ist und vom Rührer wie holländischer Syrup abläuft.

Während des Kochens der Masse muss dieselbe beständig mit dem Rührer gerührt werden, damit der Kalk keine Gelegenheit erhalte sich zu Boden zu setzen. Nach dem beendigten Kochen bringt man die Masse in einen niedrigen, am besten mit Bleiplatten ausgelegten Bottich.

Dieser Ansatz verarbeitet, nämlich einfach gemengt mit einem gewissen Theile des Oeles, liefert die Schmiere, der man nun irgend ein Pigment noch beifügt.

Das Verarbeiten des Ansatzes mit dem Oele geschieht, da man das Oel vordem ein Wenig erwärmen muss, in eben solchem oder in demselben Kessel, in welchem man den Ansatz kocht. Als Rührwerk zur Verarbeitung der Masse kann man einen schaufelförmigen Rührer oder ein hölzernes Pistill gebrauchen.

Wir wollen also jetzt zu der Bereitung der verschiedenen Arten von Wagenschmiere oder Wagenfetten übergehen.

Bereitung der blauen englischen oder belgischen Patent-Wagenschmiere.

In den Ansatzkessel bringt man drei Centner von dem schweren gereinigten und abgelagerten Theeröl, macht sodann Feuer unter denselben und erwärmt das Oel auf etwa 40° Cels. Wenn dies geschehen, bringt man in das Oel mit einem Male einen Centner von dem Ansatze, welchen man kräftig und innig mit dem Oele mischt. Nach einigen Minuten schon tritt die Stockung der Masse ein, welche eine weiche butterartige Consistenz annimmt.

Um dieser Wagenschmiere eine noch grössere Güte zu verleihen, setzt man ihr auf die angegebene Quantität fünfzig Pfund fein gestossenen oder besser gemahlenen Graphit zu, mit welchem man sie gehörig durchrührt.

Bereitung der grünen Patentwagenschmiere.

Die grüne Wagenschmiere erhält man aus der vorhergehenden blauen, wenn man dieselbe mit einer Auflösung von Curcumewurzel in Aetznatronlauge färbt.

Die Curcumelösung bereitet man sich, indem man einen Centner Aetznatronlauge von spec. Gewicht 1,32 oder 23% Natrongehalt mit fünf Pfund fein gemahlener Curcumewurzel ein bis zwei Stunden lang kocht, wobei man aber stets das verdampfende Wasser wieder ersetzt. Nach dem Kochen filtrirt man die Flüssigkeit durch einen Spitzbeutel und giebt nun von derselben auf jeden Centner blauer Wagenschmiere drei bis fünf Pfund, mischt gehörig mit einem Rührer zusammen, und die Schmiere nimmt eine mehr oder weniger dunkelgrüne Färbung an.

Bereitung der schwarzen Wagenschmiere.

Diese erhält man gleichfalls aus der blauen, wenn man jeden Centner derselben mit ein bis zwei Pfund Kienruss mengt.

Der Kienruss muss aber vordem mit etwa drei bis fünf Pfund schwerem Theeröle abgerieben werden.

Bereitung der weissen Wagenschmiere.

Man bereitet dieselbe ganz ebenso wie die blaue. Den Graphitzusatz lässt man aber weg und giebt statt dessen auf jeden Centner 20 Pfund fein gemahlenen Talk und mischt sehr sorgfältig.

Blendend weiss ist nun diese Schmiere freilich nicht, da das Theeröl mit der Zeit nachdunkelt. Die Färbung ist eigentlich schmutzigweiss oder grau.

Bereitung der gelben Wagenschmiere.

Die gelbe Wagenschmiere ist nichts anderes als weisse, welche man mit der erwähnten Curcumelösung mischt.

Das Verhältniss, welches man bei der Mischung anwendet, ist auf einen Centner weisser Schmiere, fünf bis sieben Pfund Curcumelösung.

Bereitung der braunen Wagenschmiere.

Die braune Wagenschmiere ist weiter nichts als blaue Wagenschmiere, welcher aber der Graphitzusatz fehlt. Anstatt dessen giebt man aber auf jeden Centner Schmiere acht Pfund fein gemahlenen Talk und drei Pfund von der bei der grünen Wagenschmiere angegebenen Curcumelösung. Dies Alles wird tüchtig zusammengemischt und liefert alsdann die braune Wagenschmiere.

Darstellung des Kreosots.

Das Kreosot, dessen wir schon Seite 14 Erwähnung thaten und zwar auf seine Eigenschaften und dergl. specieller eingingen, ist in der Natronlauge, welche man bei der Reinigung der rohen Oele erhält, enthalten.

Um also das Kreosot zu gewinnen, sättigt man die Lauge mit der gleichfalls bei der Reinigung der Rohöle erhaltenen Schwefelsäure, wodurch sich ein rothbraunes Oel abscheidet, welches zum grössten Theil aus Kreosot besteht.

Besser ist es, wenn man die Säure bedeutend vorwalten lässt. Als Gefäss, in welchem die Mischung vorgenommen wird, dient ein hölzerner mit Blei ausgelegter Bottich.

Dieses abgeschiedene Oel wird nun der Rectification in dem Seite 111 beschriebenen oder einem ebensolchen, aber kleineren Apparat unterworfen und liefert sodann etwa 80 bis 85 Procent rohes Kreosot, welches man, so wie es ist, ohne Weiteres als Conservirungsmittel für Eisenbahnschwellen, Telegraphenstangen, Schiffbauholz und dergl. anwendet.

Soll indess das Kreosot ganz rein, etwa für medicinische Zwecke dargestellt werden, so hat man das Rohproduct einer ziemlich langwierigen Operation zu unterwerfen.

Zuerst destillirt man das rohe Kreosot in einer Blase für sich. Das hierbei anfangs übergehende leichte Oel, welches zum grössten Theil aus Eupion besteht, wird entfernt, und nur das später übergehende, in Wasser untersinkende Oel wird aufgefangen. Die Destillation darf man nicht bis zur Trockne fortsetzen, damit ein Anbrennen verhindert werde.

Das gesammelte schwere Oel wird nun mit Phosphorsäure unter Dampfzuleitung tüchtig gemischt. Nach dem Mischen trennt man das Oel von der Säure und unterwirft es einer Destillation mit Phosphorsäure.

Das jetzt übergehende Oel ist fast ganz farblos. Man mischt es mit Kalilauge von 1,12 spec. Gewicht, bis es von derselben gelöst wird. Nachher überlässt man die milchige Lösung, welche Kreosotkali darstellt, eine Zeitlang der Ruhe, wodurch sich das noch vorhandene Eupion oben ausscheidet, welches man entfernt.

Das so von Eupion befreite Kreosotkali wird nun in einem offenen Gefäss über einer Ringfeuerung allmählig unter Umrühren bis zum Kochen erhitzt. Noch vorhandenes fremdes Oel färbt sich hierbei durch

124 III. Destillation des Theeres und Verarbeitung seiner Producte auf feinere.

den Zutritt des Sauerstoffs der Luft sehr bald schwarz. Jetzt fügt man so viel Schwefelsäure hinzu, dass die ganze Mischung wieder sauer reagirt, wodurch sich alles vorhandene Kreosot wieder ausscheidet. In einem Scheidetrichter wird nun das Kreosot von der durch den Zusatz von Schwefelsäure in schwefelsaures Kali verwandelten Kalilauge abgeschieden und der Rectification unterworfen, wobei man es aber nicht zur Trockne destillirt.

Das Destillat wird nun nochmals mit Kalilauge verseift, im offenen Gefäss gekocht und durch Schwefelsäure zersetzt und abermals rectificirt. Diese Operation wiederholt man überhaupt so oft, als sich beim Kochen mit der Kalilauge das Kreosot noch merklich bräunt. Geschieht dies nicht mehr, so ist es hinreichend gereinigt. Hierauf wird es dann nach der Destillation mit Wasser gewaschen und nur noch in ein wenig Kalilauge gelöst (bis sich Curcumepapier zu bräunen anfängt) und über Alcohol destillirt, und zwar so lange, als Kreosot farblos übergeht.

Die Rectification über Alcohol pflegt man gewöhnlich zwei- bis dreimal vorzunehmen, wenn man ein ganz und gar tadelloses, chemisch reines Product erhalten will.

Kienruss.

Kienrauch, Kienschwarz. — Französich: *Noir de fumée*. — Englisch: *Smoke-black*. — Italienisch: *Negrofumo*.

Der Kienruss bildet sich, wenn man an Kohlenstoff sehr reiche Kohlenwasserstoffe bei unvollkommenem Luftzutritt verbrennt. Als Material dienen daher harzreiche Holztheile, wie Kienholz (daher der Name Kienruss), oder Harztheile, wie Abfälle beim Pechsieden, Theer, Theeröle etc. Uns liefern die Abfälle bei der Reinigung der Oele, sowie die Rückstände in den Blasen bei der Destillation des Theeres (Koks), ebenso nicht vollständig verkohlte und mit Theer durchtränkte Birkenrinde das Material zur Kienrussbereitung. Es muss daher der Fabrikant alle Oelabfälle, wie z. B. bei der Darstellung der Beleuchtungsöle, des Kreosots etc. sorgfältig ansammeln, ebenso auch den Koks beim Reinigen der Blasen nach der Destillation.

Als Apparat zur Kienrussbereitung bedient man sich auch bei diesen Materialien des allgemein für practisch anerkannten Schwelofens des Thüringer Waldes.

Derselbe (Fig. 21.) besteht aus einem Kanal, Rauchfang oder Schlot genannt, und einer Rauchkammer.

Fig. 21.

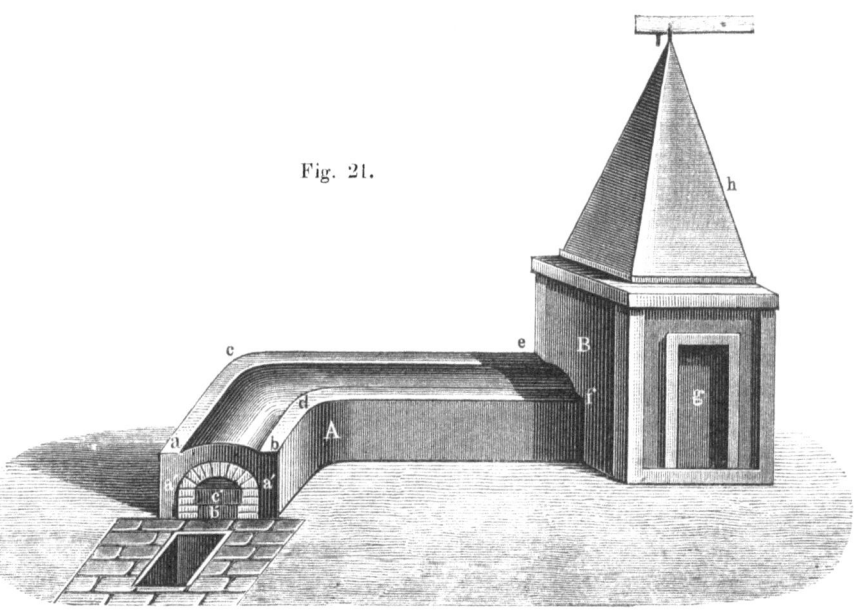

Der Schlot (*A*) ist einundzwanzig Fuss lang, anderthalb Fuss hoch und ebenso breit im Lichten. Er biegt sich unter einem rechten Winkel knieförmig in die Höhe und mündet an seinem Ende in die Rauchkammer (*B*) aus.

Der vordere (gebogene) Theil des Schlotes (*a. b. c. d.*) ist sieben, der hintere (*c. d. e. f.*) vierzehn Fuss lang.

Der ganze Kanal wird solid aus Ziegeln gemauert, und damit die Mauern von der Feuergluth nicht bersten, sind sie von aussen noch mit Mauern von Bruchsteinen (*a' a'*) umgeben. Dieser vordere Theil des Schlotes enthält den Herd, vor demselben befindet sich das Schürloch (*b'*), an welchem ein Schieber (*c'*) aus Eisenblech angebracht ist, und welcher in senkrechter Richtung mehr oder weniger gegen den Boden der Oeffnung herabgelassen werden kann, um das Feuer nach Belieben reguliren zu können. Vor dem Schürloche wird eine viereckige, einige Fuss breite und tiefe Grube angebracht, welche man mit Ziegeln ausmauert, und in welcher der Kienrussschweler beim Brennen sitzt.

Die Rauchkammer wird aus Holz oder Stein erbaut, sie besitzt sechzehn Fuss im Geviert und ihre Wände sind zehn bis zwölf Fuss hoch. Die Wände und der Boden müssen entweder aus glatt gehobelten Brettern getäfelt sein, oder sie werden mit Gypsstücken sehr glatt überzogen. An der einen Seite der Rauchkammer befindet sich eine vollständig dicht schliessende Thür (g) und oben in der Decke eine zehn Fuss im Quadrat betragende Oeffnung, über welcher ein acht bis zehn Fuss hoher pyramiden- oder kegelförmiger Sack (h) aus starker, aber sehr locker gewebter Leinwand oder Flanell mittelst Leisten in Falzen befestigt wird.

Das spitze Ende des Sackes ist mit einem Strick an den Kehlbalken des Kienrussgebäudes aufgehängt, so dass der Sack nach Erforderniss stärker oder schlaffer angespannt werden kann.

Das Gebäude, worin der Kienrussboden sich befindet, kann zwar ein leichtes Gebäude aus Holz oder Fachwerk sein, darf aber keine Ritzen und dergleichen enthalten, durch welche der Wind eindringen oder Luftzug entstehen könnte, da sonst leicht der Russ in der Kammer sowohl, als auch im Sacke sich entzünden könnte, und somit das Ganze ein Raub der Flammen werden würde.

Das Verfahren beim Kienrussbrennen ist nun folgendes:

Bevor man das eigentliche Kienrussbrennen beginnt, muss vorerst der Schlot, wenigstens der kürzere Schenkel, ein wenig erwärmt werden, damit er einen ordentlichen Zug erhalte. Zu diesem Behufe wird auf dem Herde ein Feuer aus vollkommen trocknem harzigen Kiefernholze (Kienholz) angemacht, und sobald sich der kürzere Schenkel des Schlotes gehörig erwärmt hat, beginnt man das eigentliche Kienrussbrennen.

Man nimmt zu diesem Zweck gröblich gestossenen oder nur zerdrückten Koks, den man vorher mit den verschiedenen Oelabfällen imprägnirt hat, bringt davon etwa fünf Pfund auf einmal auf den Herd und steckt die Masse in Brand. Sobald das Material dem Ausbrennen nahe ist, wird frisches darauf gelegt, und so fort, bis sich so viele Schlacken oder Kohlen auf dem Herde gesammelt haben, dass man nicht mehr gut Raum für frisches Material hat. Sodann entfernt man mit einer eisernen Krücke die Kohlen und giebt neuen Brennstoff auf den Herd.

Man setzt diese Operation zwölf Stunden lang fort, dann unterbricht man das Kienrussbrennen und lässt den Ofen abkühlen.

Während des ganzen Kienrussschwelens muss einestheils darauf geachtet werden, dass das Feuer immer nur schwelend, also beim sparsamen Zutritt der Luft brenne, da man sonst an Kienruss Verlust haben würde, indem derselbe (der Kohlenstoff des Materials) bei hinreichendem Zutritt des Sauerstoffs verbrennen würde. Die Regulation des Feuers geschieht durch den oben erwähnten Schieber.

Anderntheils hat man darauf seine Aufmerksamkeit zu richten, dass das Feuer, oder vielmehr der Rauch, nicht aus dem Schürloch nach Aussen getrieben werde. Wenn dies geschieht, so ist anzunehmen, dass der Sack der Rauchkammer innen mit Kienruss dick bedeckt ist, so dass die Poren oder die Zwischengewebe der Leinwand gänzlich verstopft sind. Der Kienrussschweler muss daher von Zeit zu Zeit, wenn solche Anzeichen sich einzustellen beginnen, von Aussen mit einem Stock auf den Sack gelinde klopfen, damit der Russ aus demselben in die Kammer fällt.

Nach dem Abkühlen des Ofens wird die Thüre (g) der Kammer geöffnet und der Russ entfernt; zuerst wird der auf dem Boden der Rauchkammer liegende, welcher aus dem Sacke herausgefallen ist (durch's Klopfen) mittelst eines reinen Besens appart herausgekehrt; darauf erfolgt das Abkehren des Russes, welcher an den Wänden der Rauchkammer, sowie am Ende des Schlotes anhängt.

Der zuerst vom Boden der Rauchkammer ausgekekrte Russ bildet die beste Sorte, welche zur Buchdruckerschwärze verwandt wird und den Namen Pfundruss führt. Diese Sorte füllt man in leicht gearbeitete Tannenfässer zu 20 bis 50 Pfund, die letztere Sorte, die man als ordinären oder Fässchenruss bezeichnet, bringt man gewöhnlich in ganz kleine, aus Fichtenspänen zusammengesetzte Fässchen oder Büttchen von verschiedener Grösse, von welchen gewöhnlich je 100 Stück nur $1/2$ bis 2 Pfund Kienruss enthalten.

Der so gewonnene Kienruss stellt übrigens noch immer keine reine Kohle dar, sondern es hängt ihm noch eine nicht geringe Menge schwer zersetzbarer Kohlenwasserstoffe, wie Naphthalin, Paraffin, Paranaphthalin, Chrysen, Pyren, Kreosot u. s. w., ausserdem aber etwas Asche und hygroscopische Feuchtigkeit an, so dass sein wahrer Kohlenwasserstoffgehalt nur etwa 80 bis 90 Procent beträgt.

Um den Kienruss von den angeführten Nebenproducten zu befreien, da die Anwesenheit derselben ihn für manche Zwecke nicht besonders geeignet erscheinen lässt, wie z. B. zur Buchdruckerschwärze, so wird er ausgeglüht, wodurch jene Producte verbrennen oder sich verflüchtigen, auch der Kienruss dadurch eine weit tiefere schwarze Farbe annimmt.

Das Ausglühen unternimmt man am zweckmässigsten in einem gusseisernen Cylinder oder in einer Blase. Man stopft zu diesem Zweck den Kienruss in's Gefäss fest ein, setzt den Deckel mit dem Abzugsrohr luftdicht auf und macht ein lebhaftes Feuer darunter, so dass die Blase bis zum Rothglühen erhitzt wird. Die Nebenproducte entweichen sodann aus dem Abzugsrohr in Dampfform. Nach drei Stunden kann man das Feuer wieder auslöschen, und nach dem Erkalten der Blase den Kienruss herausnehmen. Durch diese Behandlung verliert der Kienruss allerdings zehn bis zwanzig Procent an Gewicht.

Ein guter Kienruss muss leicht sein, auf dem Wasser schwimmen und eine fette schwarze, durchaus nicht in's Braune spielende, fuchsige Farbe haben. Ein Kienruss, der aus den obigen Materialien gemacht wird, besitzt alle die Eigenschaften eines vorzüglichen Kienrusses, denn die braune Färbung rührt hauptsächlich nur daher, wenn man zur Kienrussbereitung Materialien verwendet, welche neben Kohlenstoff sehr viel Cellulose und dergl. enthalten, wie z. B. Kienholz, was aber bei unseren Materialien nicht der Fall ist, da diese keine Spur von Cellulose enthalten, wenn man nicht etwa auch Birkenrinde zur Darstellung angewandt hat.

Vierter Abschnitt.

Uebersicht der Ausbeute an verschiedenen Producten, Krankheiten, die in solchen Etablissements herrschen, und Schlussbemerkungen.

Uebersicht der Ausbeute an verschiedenen Producten aus einer gewissen Quantität Holz und zwar aus den verschiedenen Holzgattungen.

Anlangend die Ausbeute an verschiedenen Rohproducten der trocknen Destillation des Holzes, so ist als Regel anzunehmen, dass die Laubhölzer im Allgemeinen mehr, oder eine stärkere Holzsäure liefern, als die Nadelhölzer, die Nadelhölzer aber dafür an Theer reicher als die Laubhölzer sind.

Eine Regel ist es auch, je härter ein Holz ist, desto mehr oder eine desto stärkere Holzsäure liefert es. Von unseren europäischen, resp. deutschen Hölzern liefert daher der Hagedorn, die Eiche und Buche die meiste oder die stärkste Holzsäure, d. h. den meisten essigsauren Kalk oder das meiste Essigsäurehydrat.

Auch das Alter der Bäume, sowie seine Theile spielen in der Ausbeute, und zwar sowohl der Holzsäure, als auch des Theeres eine bedeutende Rolle. Junge Bäume liefern stets und zwar bedeutend weniger an Producten, als alte, natürlich nicht zu alte, welche faul sind. Ebenso liefern Stämme ganz bedeutend mehr als Zweige.

Einen grossen Einfluss auf die Ausbeute äussert auch die Beschaffenheit des Bodens, auf welchem die Bäume gewachsen sind. Bäume, die auf einem mageren, also Sandboden, oder fetten aber trockenen Boden wuchsen, geben mehr Essigsäurehydrat, als Bäume vom Sumpfboden. Letztere aber, was die Kiefer anlangt, geben mehr Theer. Vielleicht aber nur deshalb, weil diese Kiefern meist krank sind, entweder an dem Harzfluss oder an der Kienkrankheit leiden, was der nasse Boden besonders mit sich zu bringen scheint.

Nächst Allem diesen kommt aber noch das in Betracht, wie lange ein gefälltes Holz vor seiner Anwendung zur Destillation gelegen hat. Ein ganz frisch gefälltes Holz giebt zwar viel mehr Holzsäure, aber dieselbe ist bedeutend schwächer, enthält mehr Wassertheile und erfordert also weniger Kali, Natron oder Kalk zur Neutralisation, liefert mithin weniger essigsauren Kalk. Holz, welches neun bis sechzehn Monate todt gelegen hat, liefert die grösste Ausbeute an Holzsäure. Dergleichen bemerkt man auch in der Ausbeute an Theer; z. B. Kiefernstöcke liefern bald nach der Fällung halb so viel, als solche, die vier bis fünf Jahre darnach verwandt wurden.

Die Krankheiten der Bäume erhöhen gleichfalls die· Ausbeute, wenigstens bei den Nadelhölzern, an Theer, wie die oben erwähnten beiden, der Harzfluss und die Kienkrankheit. Eine blosse grössere Verwundung eines Nadelbaumes, z. B. durch Ausschälen eines Stückes Rinde, veranlasst den Baum zur grösseren Thätigkeit der Harzabsonderung. Das Harz zieht sich zu der Wunde, um letztere zu vernarben.

Den allergrössten Einfluss aber auf die Ausbeute an allen Destillationsproducten (auch der Kohle) äussert die bei der Destillation angewandte Temperatur, die, je höher gesteigert, desto weniger Producte abgiebt. (Vergl. S. 3).

Wir lassen hier nachstehende Tabellen folgen, aus welchen man die Ausbeute an den verschiedenen Rohproducten ersehen wird.

Uebersicht der Ausbeute aus verschiedenen Holzgattungen.

Nach Stolze.

Ein Pfund Holz liefert:	Botanischer Name:	An Holzsäure.	An Theer (empyreumat. Oele).	An Holzkohle.	1 Unze d. Säure wird durch kohlensaures Kali gesättigt.
		Unzen.	Unzen.	Unzen.	Grane.
Birke	*Betula alba Linné*	$7\frac{1}{8}$	$1\frac{3}{8}$	$3\frac{7}{8}$	55
Buche (Rothbuche)	*Fagus sylvatica Linné*	7	$1\frac{1}{2}$	$3\frac{7}{8}$	54
Campecheholz	*Haematoxylon campechianum*	$7\frac{1}{8}$	$1\frac{1}{2}$	2	35
Erle (Species?)	*Alnus*	$7\frac{3}{8}$	$1\frac{1}{2}$	$3\frac{1}{2}$	30
Esche	*Fraxinus excelsius Linné*	$7\frac{1}{2}$	$1\frac{3}{8}$	$3\frac{3}{4}$	44
Kiefer	*Pinis sylvestris Linné*	$6\frac{3}{4}$	$1\frac{7}{8}$	$3\frac{1}{2}$	28
Kreuzdorn (Species?)	*Rhamnus*	$7\frac{1}{2}$	$1\frac{3}{8}$	$3\frac{1}{2}$	34
Linde, grossblättrige	*Tilia Platiphylla*	$6\frac{7}{8}$	$1\frac{7}{8}$	$3\frac{5}{8}$	52
Pappel, italienische	*Populus dilatata*	$7\frac{3}{8}$	$1\frac{3}{8}$	$3\frac{3}{4}$	40
Rosskastanie	*Aesculus hippocastanum Linné*	$7\frac{3}{8}$	$1\frac{5}{8}$	$3\frac{1}{2}$	41
Rothtanne	*Abies pectinata De Candol (Pinus Picea Linné)*	$6\frac{3}{8}$	$2\frac{1}{4}$	$3\frac{3}{4}$	25
Sadebaum	*Iuniperus sabina Linné*	7	$1\frac{7}{8}$	$3\frac{5}{8}$	27
Silberpappel	*Populus alba Linné*	$7\frac{3}{8}$	$1\frac{1}{4}$	$3\frac{3}{4}$	40
Steineiche	*Quercus Robur Linné*	$6\frac{1}{8}$	$1\frac{1}{2}$	$4\frac{1}{2}$	50
Traubenkirsche (Faulbaum)	*Prunus padus Linné*	7	$1\frac{1}{4}$	$3\frac{1}{2}$	37
Wachholder	*Iuniperus communis Linné*	$7\frac{1}{4}$	$1\frac{3}{4}$	$3\frac{5}{8}$	29
Weide (Species?)	*Salix*	$7\frac{3}{8}$	$1\frac{1}{2}$	$3\frac{1}{2}$	35
Weisstanne	*Abies Excelsa Poir (Pinus Abies Linné)*	$6\frac{5}{8}$	$2\frac{1}{8}$	$3\frac{3}{8}$	29

IV. Uebersicht der Ausbeute aus verschiedenen Holzgattungen.

Nach Muspratt*).

Vierundachtzig Pfund Holz lieferten:	Holz-kohle.	1 Centner Holz liefert Holzkohle.	Holz-säure.	Spec. Gewicht der Holzsäure.	Spec. Gewicht der mit Kalk gesättigten Säure.	Quantität der zur Sättigung erforderlichen Soda.	Nicht condensirbare Producte.	Gehalt an reiner Essigsäure.
Botanischer Name.								
Birke . . . . *Betula alba Linné* .	23½	31,33	45	1,046	1,080	70	15	1,86
Bohnenbaum . . . . . . *Cytisus*	20	26,64	46	1,030	1,055	75	18	2,00
Buche . . . . *Fagus sylvatica Linné*								
bei niedriger Temperatur	24	32,00	46	1,039	1,090	115	14	3,06
bei hoher Temperatur	20	26,64	47	1,034	1,067	90	17	2,40
Eiche (junge) . . . . . *Quercus*	28	37,33	39	1,038	1,085	115	14	3,06
Erle . . . . *Alnus*	20	26,34	48	1,030	1,065	70	16	1,86
Esche . . . . *Fraxinus*	23	30,68	48	1,035	1,078	92	13	2,45
Hagedorn	20	26,64	27	1,040	1,100	140	37	3,73
Ulme . . . . *Ulmus*	21½	28,66	45½	1,036	1,075	83	17½	2,26
Weide . . . . *Salix*	18	24,00	49	1,029	1,045	20	17	0,77

*) Encyklopädie der technischen Chemie, bearbeitet von Stohmann und Dr. Gerding.

Uebersicht der Ausbeute aus verschiedenen Holzgattungen.

Nach Muspratt*).

Dreihundertdreiundsechzig Pfund Holz lieferten:	Holz-kohle.	Holzkohle aus einem Centner Holz.	Holz-säure.	Spec. Gewicht der Holz-säure.	Eine Unze der Säure wird durch doppelt kohlensaures Kali gesättigt, in Granen.	Ausbeute an trocknem, essigsaurem Kalk.
Botanischer Name.						
Ahorn . . . . *Acer*	77	25,66	145	1,018	6	20
Apfel . . . . *Pyrus malus Linné*	70	23,33	200	1,017	6	18
Birke**) . . . . *Betula alba Linné*	70	23,33	120	1,031	11	13
Buche . . . . *Fagus sylvatica Linné*	84	28,00	180	1,029	$9\frac{1}{2}$	23
Eiche . . . . *Quercus*	91	30,33	190	1,022	8	24
Esche . . . . *Fraxinus*	90	30,00	190	1,024	8	22
Wallnuss . . . . *Juglans regia Linné*	72	24,00	150	1,018	7	$14\frac{1}{2}$

*) Encyklopädie der technischen Chemie, bearbeitet von Stohmann und Dr. Gerling.
**) Drei Jahre nach der Fällung.

IV. Uebersicht der Ausbeute aus verschiedenen Holzgattungen.

Nach eignen Erfahrungen.

Ein Centner Holz lieferte:	Holz-säure.	Theer.	Kohle.	Essig-sauren Kalk.	Leichtes Oel*).	Schweres Oel.
Botanischer Name.	Pfunde.	Pfunde.	Pfunde.	Pfunde.	Pfunde.	Pfunde.
Birke (25—40jährige) . . . . *Betula alba Linné*	46,0	8,0	23,5	5,2	1,2	4,5
Birkenrinde, erster Abzug	22,0	30,0	18,5	0,6	21,6	3,0
„ zweiter „	20,0	20,0	22,0	0,7	12,0	4,7
Bruchweide . . . . *Salix fragilis Linné*	48,5	5,8	20,5	2,3	0,5	3,0
Eiche, gemeine . . . . *Quercus Robur Linné* . . .	42,0	8,8	27,5	6,0	0,8	3,3
Erle, gemeine . . . . *Alnus glutinosa*	47,0	7,5	27,0	4,8	0,6	3,0
Espe (mulmig) . . . . *Populus tremula Linné* . .	40,5	8,6	21,6	3,4	0,5	5,0
Kiefer . . . . *Pinus sylvestris Linné.*						
auf Sandboden gewachsene	42,0	10,5	22,0	3,2	1,3	5,7
auf Sumpfboden gewachsene**)	41,5	11,8	22,0	3,0	1,5	5,0
Kieferwurzeln (nur das Kienholz).	40,0	16,3	20,0	2,6	2,0	8,2
Tanne (grüne) . . . . *Abies Excelsa Poir*	44,5	9,5	22,6	3,0	0,6	3,5
Weide, weisse . . . . *Salix alba Linné*	46,5	6,2	22,8	2,5	0,7	3,0

*) Es versteht sich von selbst, dass hier nur rohes Oel gemeint, also ein Oel, welches den chemischen Agentien nicht unterworfen wurde.
**) Alle gefällten Bäume waren krankhaft.

Ueber Krankheiten,
die durch die Fabrikation dieser verschiedenen Producte entstehen.

Die Arbeiter, welche bei der trocknen Destillation des Holzes, insbesondere aber bei der Bleizucker- und Grünspanbereitung, sowie bei der Destillation des Theeres, Rectification des Terpentinöles und der Beleuchtungsstoffe beschäftigt sind, haben an manchen, zum Theil sehr gefährlichen Krankheiten zu leiden, an deren traurigen Folgen sie sehr häufig frühzeitig mit dem Tode abgehen, oder doch, wenn sie nicht früh sterben, stets ein sieches hinfälliges Leben führen. Es ist daher heilige Pflicht eines jeden Fabrikanten Vorkehrungen zu treffen, damit die Arbeiter ihre Gesundheit nicht aufopfern. Dies lässt sich sehr gut ausführen, indem man nur die Apparate derart einrichtet, dass die schädlichen Dämpfe und dergl. einen guten Abzug nach Aussen finden und auch Ventilationen anbringt, damit frische Luft in die Locale einziehen kann.

Bei der Destillation des Holzes sind es die nicht condensirbaren Gase, welche der Gesundheit schaden. Eingeathmet verursachen dieselben Brustkrankheiten, Brustbeklemmungen, Erstickungsanfälle und sehr häufig haben die Arbeiter in Folge dessen an der Bronchytis zu leiden.

Durch gutes Verschliessen der Vorlagen (der die Destillationsproducte empfangenden Bottiche) und Anbringung von Gasröhren, welche die Gase nach Aussen leiten, kann das Fabrikslocal von solchen Dünsten gänzlich befreit werden.

Beim Rösten des essigsauren Kalkes entwickeln sich sehr beissende Dämpfe, welche besonders nachtheilig auf die Augen wirken, indem sie sehr arge Augenentzündungen verursachen, da der Arbeiter den Kalk häufig zu rühren hat, wodurch ihm die Dämpfe in's Gesicht kommen, was nicht zu umgehen ist, selbst wenn man auch einen guten Abzug über dem Rostofen (vergl. S. 55) angebracht hat.

Das einzige Mittel ist, man wechsele mit dem Arbeiter ab und halte besonders Arbeiter mit schwachen Augen von dieser Beschäftigung fern. Bekommt indess ein Arbeiter böse Augen, so wende man Goulard'sches oder gewöhnliches kaltes Wasser zum Befeuchten derselben an.

Die allerschädlichsten Dünste aber für den Arbeiter sind die bei der Fabrikation des Bleizuckers entstehenden. Durch das Einathmen von mit Blei geschwängerten Dämpfen, wie es beim Eindampfen der essigsauren Bleiflüssigkeit in offenen Gefässen nothwendig vorkommen muss, wird die sogenannte Bleikolik verursacht.

Dieselbe äussert sich zunächst in blasser, bleicher Gesichtsfarbe und Abzehrung. Später stellen sich bei diesen Personen Magendrücken, Reissen in den Eingeweiden, Brustbeklemmungen, Zittern der Glieder und Ekel ein. Weiterhin, wenn diese Symptome alle eine Zeitlang abwechselnd wiedergekehrt sind, fängt der Patient an starker Verstopfung zu leiden an, wobei sich zugleich Krämpfe und Lähmung der Glieder einstellt, welche Krankheit zuletzt mit der Darmgicht und einem sehr schmerzhaften Tode endigt. Wenn nun auch der letztere nicht immer so bald einzutreffen braucht, so wird doch solchen Armen das Leben zur Qual; sie werden entnervt, leiden an Herzklopfen, werden gelähmt, schwindsüchtig u. s. w.

Das sicherste Mittel, um die Arbeiter vor dieser Krankheit zu bewahren, ist, wenn man bei der Fabrikation des Bleizuckers die Methode mit Essigsäuredämpfen in Anwendung bringt.

Bei dieser Art von Apparaten kann von schädlichen Bleidünsten gar nicht die Rede sein, da ein Abdampfen der essigsauren Bleioxydlösung bei diesem Verfahren gar nicht vorkommt. (Vergl. S. 66).

Bei dem Ausräumen der Trockenräume des Bleizuckers und beim Verpacken desselben in Fässer u. s. w., wobei ein Staub vorkommt, ebenso auch beim Verarbeiten des Bleies zu Bleioxyd müssen die Arbeiter vorsichtig umgehen, um jedes unnütze Stäuben zu verhüten.

Bei diesen Operationen achte man darauf, dass die Arbeiter nicht nüchtern ihre Beschäftigungen beginnen, sondern vorher etwas essen, am besten fette Speisen, besonders auch ein Gläschen fettes Oel trinken. Anstatt Wasser lasse man dieselben eine Limonade aus gewöhnlichem Wasser, Zucker und etwas gereinigter Schwefelsäure bestehend, trinken. Von der Schwefelsäure nehme man so viel, bis die Limonade schwach sauer schmeckt. Diese Limonade bildet ein ausgezeichnetes Präservativ für Bleivergiftungen, indem die Schwefelsäure das in den Magen gelangte Blei zu unlöslichem, schwefelsaurem Bleioxyd macht, welches mit den Excrementen abgeht. Andere saure Getränke oder Speisen sind übrigens als schädlich zu vermeiden, dagegen ein häufiger Genuss von Milch und Milchspeisen — versteht sich aber nicht aus gesäuerter Milch — zu empfehlen.

Ferner wechsele man mit den Arbeitern ab, damit nicht immer dieselben bei der Bleizuckerfabrikation beschäftigt sind, und gebe denselben am besten abwechselnd eine Arbeit in der freien Luft.

Bei der Befolgung der eben angeführten Vorsichtsmassregeln werden die Arbeiter an der Bleikolik nicht zu leiden haben. Sollten aber doch indess bei dem Einen oder Anderen Spuren dieser Krankheit sich einfinden, so entferne man einen solchen Arbeiter sogleich von seiner Beschäftigung und gebe ihm eine andere, womöglich in frischer Luft.

Eine der Bleikolik ähnliche Krankheit ist die Kupferkolik mit ihren verschiedenen Abstufungen, welcher die bei der Fabrikation des Grünspans beschäftigten Arbeiter ausgesetzt sind, und die gleichfalls böse Folgen haben kann.

Die Krankheit zeigt sich, je nach der längeren oder geringeren Beschäftigung und nach der geringeren oder grösseren Quantität der eingeathmeten oder auf irgend eine Art in den Körper übergegangenen Kupferdämpfe oder des Kupferstaubes (staubigen Grünspans) verschieden.

Arbeiter, die auf einmal nur geringe Mengen Kupferdämpfe und Kupferstaub in den Körper, oder durch längere Zeit übergeführt erhielten, bekommen zunächst eine grünliche oder grünlich-gelbe Gesichtsfarbe, auch das Weisse der Augen, die Zähne und sogar die Haare erhalten diese Färbung. Muthlosigkeit, Mattigkeit, Zittern der Glieder, Uebelkeiten, Appetitlosigkeit, Unregelmässigkeiten in der Stuhlentleerung, Entkräftung stellen sich ein. Im späteren Verlauf leidet der Kranke zuweilen an heftigen Schmerzen im Unterleibe, Fieber — oft Wechselfieber — stellt sich ein, Athmungsbeschwerden, Aufgeregtheit, Schlaflosigkeit, Angstgefühl, Traurigkeit u. s. w.

Beim Genuss grösserer Mengen Kupfers auf einmal bekommt der Kranke einen eigenthümlichen, höchst unangenehmen, den sogenannten metallischen Geschmack im Munde, im Schlund der Speiseröhre, in dem Magen stellt sich ein Gefühl von Zusammenschnürung ein und zugleich beginnen Uebelkeiten, die sich bis zum Erbrechen mit kupferhaltigem Wasser steigern. Speichelfluss und Durchfall stellen sich ein, verbunden mit argen kolikartigen Schmerzen im

Unterleibe, welcher gegen Druck sehr empfindlich wird und sich aufbläst. Später tritt Schwäche, sehr rasches Respiriren, Beklommenheit der Respirationsorgane, kalter Schweiss, oft Kopfschmerz, Schwindel, Ohnmacht, starker Durst, Schlafsucht, Erstarrung der Glieder, Waden-, Fuss- und Gesichtskrämpfe, Convulsionen, Lähmungen und zuletzt, wenn keine rasche Hülfe geboten wurde, der Tod ein.

Als Vorbeugungsmittel der Krankheit ist auch hier zu erwähnen, dass man das Eindampfen der essigsauren Kupferlösung nicht in offenen Gefässen vornehme, ferner beim Abkratzen oder Umschütten und dergl. des Grünspans recht vorsichtig umgehe, damit kein Staub vorkomme, auch dies Geschäft gleichfalls nicht nüchtern vornehme. Die früher empfohlene Limonade ist indess hier, wie jede Säure, zu verwerfen, dagegen frische Milch und rohe Eier sind sehr zu empfehlen, Durch die beiden letzten Mittel lässt sich die eingetretene Kupfervergiftung sehr leicht unschädlich machen, auch Zuckerwasser und besonders Honig leisten in solchen Vergiftungsfällen Ausserordentliches.

Bei der Destillation des Theeres, der Rectification des Terpentinöls und der Beleuchtungsstoffe ist der Arbeiter gleichfalls Gesundheitsstörungen uuterworfen, die durch das Einathmen der mit den Dämpfen dieser Kohlenwasserstoffe angefüllten Luft entstehen. Das Einathmen derselben verursacht Blässe des Gesichts, Jucken der Haut, Appetitlosigkeit, bald grössere, bald auffallend geringe Herzthätigkeit, Schwäche der Geschlechtstheile und dergl.

Die Krankheit wird dadurch vorgebeugt, dass man den Oelen keine Gelegenheit giebt, zu verfliegen, also die lutirten Stellen gut in Ordnung hält, ausserdem aber auch für eine gute Ventilation Sorge trägt.

Schlussbemerkungen.

Regeln beim Anlegen solcher Fabriken.

1.

Beim Anlegen eines Etablissements für trockne Destillation des Holzes und seiner Producte ist zu erwähnen, dass die Darstellung der verschiedenen Körper nicht in einem gemeinschaftlichen grossen Gebäude vorgenommen werden darf. Am besten theilt man eine solche Fabrik in vier Abtheilungen:
1) Gebäude zur eigentlichen trocknen Destillation des Holzes, wo also die Rohproducte, Holzsäure, Theer und Kohle gewonnen werden.
2) Gebäude, wo die verschiedenen essigsauren Salze und die Essigsäure bereitet werden, welche natürlich wieder in mehrere Abtheilungen zu theilen ist, wenigstens in drei, für Bleizucker, Grünspan und die dritte für sämmtliche übrig gebliebenen essigsauren Salze und die Essigsäure.
3) Gebäude, wo die verschiedenen flüssigen Kohlenwasserstoffe sowohl im rohen als auch im gereinigten Zustande gewonnen werden, ferner auch der Holzgeist, sowie die Bereitung der Wagen- und Maschinenschmiere vorgenommen wird.
4) Gebäude zur Fabrikation des Kienrusses.

Diese vier Gebände werden von einander in ziemlicher Entfernung aufgebaut, damit, wenn das eine in Brand geräth, die anderen nicht davon angesteckt werden.

Bei der Anlage ist ferner zu berücksichtigen, dass drei von diesen Gebäuden, nämlich das Gebäude für die trockne Destillation des Holzes, das für die Erzeugung der essigsauren Salze und das, wo die Oele und dergl. bereitet werden, zwar von einander entfernt, aber in einer Linie stehen müssen und zwar so, dass das Gebäude, wo das Holz destillirt wird, in der Mitte, die beiden anderen aber zur rechten und linken Seite von demselben zu stehen kommen. Es ist dies deshalb zu empfehlen, weil dadurch der Transport der Rohproducte in die betreffenden Gebäude, wo sie weiter verarbeitet werden sollen, bedeutend erleichtert wird.

Man könnte auch aus dem Gebäude der Holzdestillation Röhren nach den beiden anderen Fabriken legen, durch welche man die Rohproducte in dieselben leiten könnte. Die Röhren müssten durch die Wand des Anbaues, wo sich das Hauptreservoir befindet, gehen. Innen (im Gebäude) an der Wand befände sich sodann in der Röhre ein breiter Trichter angebracht, in welchen man durch eine Pumpe aus dem Reservoir die Holzsäure oder den Theer hinaufbrächte. Es ist dies sehr bequem und leicht ausführbar, nur mit dem Theere, aber auch nur im Winter, hat es seine Schwierigkeit. Derselbe verdickt sich in der kalten Röhre sehr bald und gelangt daher nicht in seiner ganzen Menge an seinen Bestimmungsort. Dem lässt sich jedoch dadurch abhelfen, dass man unter der Röhre ein Kohlenbecken mit glühenden Kohlen eine Zeitlang (einige Minuten) hält, wodurch der Theer wieder in Fluss geräth.

2.

Wegen des leichten Feuerfangens, besonders der leichteren flüssigen Kohlenwasserstoffe in dem Gebäude, wo die Destillation derselben oder auch des Theeres vorgenommen wird, dürfen keine Oelvorräthe angesammelt werden, ebenso muss mit dem Feuer besonders vorsichtig umgegangen werden. Das Rauchen in solchen Localitäten sollte ganz untersagt werden, oder wenigstens darf die Cigarre oder die Pfeife in dem Locale nicht angezündet werden, sondern ausserhalb desselben.

Es wäre auch überhaupt zu empfehlen, wenn man den Ofen von dem übrigen Raum des Locales durch eine Bretterwand abtheilte, wie das z. B. in den Aetherfabriken üblich ist, denn die sehr leichten Kohlenwasserstoffe, wie z. B. Eupion und Benzol, entzünden sich oft in einer Entfernung von fünfzehn Fuss von einer Flamme.

Wer steht auch dafür, dass nicht ein oder das andere Mal durch eine Fahrlässigkeit des Arbeiters das Lutiren schlecht vorgenommen wurde, so dass die Dämpfe der leichten Oele sich mit der atmosphärischen Luft vermengen und so beim geringsten Contact mit der Flamme sich entzünden und unter Umständen eine wahre Pulverexplosion verursachen können.

3.

Wo eine Fabrik trockner Destillation des Holzes anzulegen ist, wird wohl der Betreffende selbst entscheiden können. Es ist nicht erforderlich, dass ein solches Etablissement stets nur in waldreichen Gegenden eingerichtet wird. In England z. B. sind die meisten Fabriken bei London, wo dieselben altes Schiffsholz verarbeiten. Richtet aber ein Waldbesitzer eine solche Fabrik ein, was gewöhnlich der Fall ist, oder doch der Fall sein sollte, so möge er ja nicht ausser Acht lassen, dass dieselbe im Centrum des Waldes ihren Platz finde, damit er nicht in Verlegenheit komme, das Holz aus weiten Orten anzuführen.

4.

Wenn der waldbesitzende Fabrikant in seinem Walde Kiefern hat und diese zur Destillation des Holzes verwenden will, so kann er ihren Harzgehalt ungleich vergrössern, wenn er die zur Fällung bestimmten Bäume einige Jahre vor derselben allmählig von der Rinde so hoch, als ein Mann von der Erde reichen kann, entblösst. Man nimmt jährlich etwa den fünften Theil der Rinde ab und lässt auf das fünfte Jahr einen einige Zoll breiten Streifen nach Norden stehen. Im fünften Jahre nimmt man auch diesen Streifen weg, wodurch der Baum eingeht und nun nach Verlauf von fünf Jahren gefällt wird.

Durch die alljährigen Verwundungen der Bäume werden dieselben zur grösseren Harzthätigkeit veranlasst, das Harz tritt in grosser Menge hervor, um die Wunde zu vernarben, und bildet so eine ganze, oft ziemlich dicke Kruste.

Die Kiefernstöcke gräbt man nicht in demselben Jahre nach der Fällung der Bäume aus, sondern lässt sie einige Jahre noch in der Erde, wodurch sie an Harz reicher werden. Doch darf man sie auch nicht zu lange in derselben belassen, bis sie etwa zu faulen anfangen, dadurch würde man einen Verlust an Säure haben, wenn auch am Theergehalt nichts einbüssen, da das Harz nicht verfault. Länger als drei Jahre lasse man die Stöcke nicht in der Erde.

5.

Frisch gefälltes Holz darf der Fabrikant zur Destillation nie anwenden, da dasselbe zu viele wässerige Theile enthält. Es muss wenigstens einen Sommer über gestanden haben. Länger als drei

Jahre darf man das Holz aber auch nicht unbenutzt lassen, da es sonst an Säuregehalt verliert.

Fig. 22.

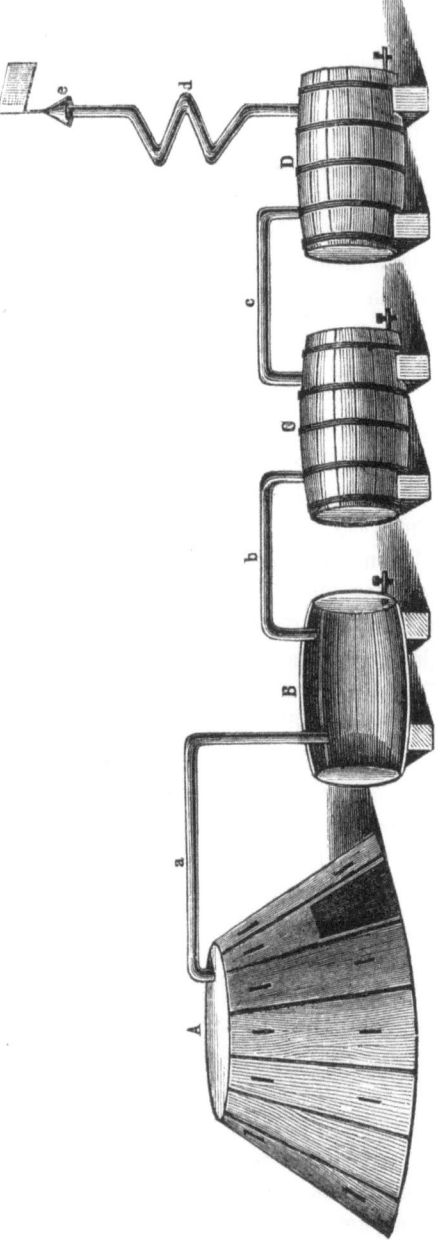

6.

In manchen Gegenden, wo der Kohlenbedarf besonders gross ist, z. B. wo Eisenhütten oder Eisengiessereien sich befinden, wird man oft gezwungen, um seine Kunden zu befriedigen, das Holz nicht blos in Retorten und Oefen, sondern auch in Meilern zu verkohlen. Oder auch Waldbesitzer, die keine Lust haben, sich eigentliche Fabriken anzulegen, sondern mit dem blossen Ertrage an Kohlen und etwas Theer sich zufriedenstellen, bedienen sich gleichfalls der Meiler. Damit aber die bei der Verkohlung mit entstehende Holzsäure nicht verloren gehe, bediene man sich wenigstens nachstehend abgebildete Einrichtung. (Fig. 22.).

A stellt einen gewöhnlichen Meiler dar, welchen man aber, damit die sich im Innern desselben entwickelnden Dämpfe nicht entweichen, mit einem Mantel umgiebt. Der Mantel ist aus einzelnen Theilen zusammengesetzt, welche aus Latten und Weidenruthen zusammengeflochten werden. Diese Rahmen werden nun auf dem Meiler durch eiserne mit einander correspondirende Klammern verbunden, die mit hölzernen Keilen versplintet werden. Sobald der Meiler mit dem so hergestellten Mantel umgeben ist, so bedeckt man ihn möglichst dicht mit Rasen, oben auch noch ausserdem mit einem aus Dielen zusammengesetzten Deckel, in welchen man drei Oeffnungen anbringt, von welchen zwei zur Verflüchtigung der Wasserdämpfe und des Rauches beim Beginn der Feuerung dienen und später verstopft werden, das dritte Loch aber zum Einfügen der Röhre (Fig. 22. *a*.) bestimmt ist, durch welche die Holzsäure und auch die Oele in das Fass (Fig. 22. *B*.) entweichen. Aus dem Fasse *B* gehen die nicht condensirten Producte in's Fass *C* durch die Röhre *b*, und aus diesem durch die Röhre *c* in's Fass *D*, aus welchem endlich das Gas durch die zickzackförmige Röhre *d* in's Freie entweicht. Diese Röhre besitzt eine Haube mit einer aus Eisenblech gemachten Fahne (Fig. 22. *e*.), welche die Haube nach der Windrichtung dreht, damit das Entweichen des Gases nicht durch den Wind aufgehalten werde. Die Gasröhre wird aus Weissblech gemacht und ist nur etwa drei Zoll breit, daher sie dann auch nur wenig Luft zuführen kann und dadurch nicht im Stande ist eine Veranlassung zum Auflodern des Holzes im Meiler zu geben. Sollte vielleicht die Gasröhre, aus dem dritten Fasse kommend, noch heiss sein, so kann man noch ein viertes oder fünftes Fass anbringen und erst aus dem letzteren das Gas entweichen lassen. Die Röhren, welche die Fässer mit einander verbinden, müssen aus dünnem Kupferblech von etwa drei Zoll Durchmesser sein. Die Fässer werden am besten aus Eichenholz gemacht und ihre Reifen müssen sehr fest aufgesetzt und aus Eisen sein. Man bringt über diese Apparate eine Bedachung an, damit sie nicht dem Wetter ausgesetzt sind.

Durch diese Vorrichtung gewinnt man gegen 20 Procent Holzsäure, welche man, falls man keine Einrichtung zur Darstellung des reinen essigsauren Kalkes oder Natrons u. s. w. besitzt, auf rohen (braunen) essigsauren Kalk verarbeiten kann, selbst ohne ihn zu rösten; die Kalkflüssigkeit braucht nur stark bis zur Trockne in einem Apparat, wie Fig. 8., oder in jedem anderen beliebigen offenen Kessel eingedampft zu werden. Den so erhaltenen essigsauren Kalk verkauft man an chemische Fabriken, die ihn auf ihre Weise, durch Zersetzung mit schwefelsaurem Natron, reinigen und anwenden werden.

7.

Besitzer von Birkenwäldern können sehr grosse Revenüen von denselben erzielen, wenn sie die Bäume nicht fällen, sondern die Birkenrinde behufs der Theergewinnung von denselben ablösen. Die Birkenbäume geben bei rationeller Behandlung wahre Milchkühe ab, indem man die Bäume oftmals von der Rinde entblössen kann, da sich diese wieder erneuert. Im Monat Mai oder Juni, lässt man von den Bäumen, so hoch es nur angeht, mit einem Messer die äussere (weisse) Rinde abschälen. Die zu wählenden Bäume dürfen nicht zu jung, sondern mindestens 25 bis 40 Jahre alt sein.

Das Abschälen geschieht vorsichtig, damit die innere (braunrothe) Rinde nicht auch mit abgezogen wird, wodurch der Baum kränkeln und auch eingehen würde. Nach drei Jahren überzieht sich ein solcher geschälter Baum mit neuer Rinde, die jedoch nicht so glatt und weiss ist, wie es die erste war, auch an Theer etwas weniger abgiebt. Man kann alle drei Jahre mit dem Abschälen der Rinde fortfahren und den Baum zuletzt, etwa nach 12 Jahren, zur Destillation fällen.

In Russland, wo man ausserordentliche Mengen von Birkenrinde behufs des Theerbrennens gewinnt, werden die Bäume meistentheils gleich gefällt, der ganze Stamm geschält und nach der Schälung der Verwesung überlassen. Dies ist denn auch die Ursache, warum die Birkenrinde jetzt so ausserdentlich gegen früher gestiegen ist. Im Jahre 1853 verkaufte man die Birkenrinde in den Gouv. Ssmolensk, Witebsk und Pskow den Pud (40 russ. Pfund) mit 5 bis 7 Kop. Silb., im Jahre 1863 aber schon mit 15 bis 18 Kop. Silb., und jetzt wird sie wahrscheinlich noch höher gestiegen sein.

Nach dem Schälen muss man die Rinde, weil sie sich stets in ihre natürliche runde Lage zusammenrollt, ausbreiten und mit Balken oder Steinen und dergl. beschweren, damit sie eine flache Gestalt bekomme und so in die Destillationsapparate bequem eingehe. Man schütze die gesammelte Rinde vor Regen und überhaupt Nässe, bewahre sie also in einem Schuppen auf. Länger als höchstens vier Sommer lasse man sie nicht liegen, da sie von zu langem Liegen an Theergehalt einbüsst.

MIX
Papier aus verantwortungsvollen Quellen
Paper from responsible sources
FSC® C105338

If you have any concerns about our products,
you can contact us on
ProductSafety@springernature.com

In case Publisher is established outside the EU,
the EU authorized representative is:
**Springer Nature Customer Service Center GmbH
Europaplatz 3, 69115 Heidelberg, Germany**

Printed by Libri Plureos GmbH
in Hamburg, Germany